LiDARを用いた
高度自己位置推定システム

― 移動ロボットのための
自己位置推定の高性能化とその実装例 ―

博士(工学) 赤井直紀 著

コロナ社

ま　え　が　き

　自己位置推定（localization）とは，その名のとおり「自己」の「位置」を「推定」する技術です。どういうことかといえば，あらかじめ地図が構築されているという前提のもとで，移動体が有するセンサの観測値を地図と照合し，いま現在，移動体が地図上のどの地点にいるかを特定する技術です。ここでいう移動体とは，ロボットや自動車，スマートフォンなど，多様なものが挙げられます。これだけ聞くと，「位置を知ることができて何が嬉しいのか」と感じるかもしれませんが，自己位置推定はロボットや自動車の自動走行を実現するための根幹技術となっています。自己位置推定はロボティクス分野では古くから研究されており，現在においても非常にポピュラーなトピックです。特に近年では，深層学習を初めとした機械学習の発展が目覚ましく，自己位置推定問題にも深層学習を応用する例が数多く報告されています。

　上述のとおり自己位置推定は，自動走行実現のために重要な役割を担います。自動走行を構成する技術は多数ありますが，自己位置推定技術の発展は，自動運転を初めとした自動走行技術が社会実装されるために，不可欠なものになると著者は考えています。しかし，上述のような，深層学習を単に自己位置推定に応用するというアプローチは，自動走行技術の社会実装に直接的にはつながらないと著者は考えています。これはいわゆる，深層学習の「ブラックボックス性[†1]」が問題になるというのではなく，根本的に解決困難な課題が存在すると考えているためです。

　自己位置推定の「推定」という言葉は，「ある事実を手がかりにして，推し量って決めること」を意味しています。つまり，「センサの観測値を基に，おそらくこの地点に存在するだろう」という認識を行っています。何を指摘したいかというと，「この地点に存在しています」と「断定」しているわけではなく，あくまで「存在するだろう」と「推定」しているのです。自動運転のようなものは，失敗すれば大事故を引き起こしかねないものです。しかも厄介なことに，自己位置推定に基づく自動走行システムを実装すると，自己位置推定の失敗とともに自動走行も失敗するということが頻発します。自動走行を実施するにあたり，このような曖昧な自己位置推定結果に基づいて走行することは，安全保障の観点から適切ではないと著者は考えています。

　上記の問題に対して著者は，「自己位置推定の結果を信頼するために何をすべきか」という問題を定め，これに関する研究を行ってきました。この問題に取り組み，実感したことは，「Probabilistic Robotics」[1][†2,3]に記述されている自己位置推定法には限界があるということでした。つまりこの自己位置推定法だけでは，自己位置推定結果を信頼するに足る情報までを得ることができず，

[†1]　学習器がどのような入力に対して，どのような出力を行うかを予測することは困難であるという性質です。
[†2]　Thrun, Burgard, Fox によって書かれた，この分野のバイブル的な書籍です。
[†3]　肩付き数字は巻末の引用・参考文献を示します。

上記の問題は解決できないと考えました。なお，ここでいう「解決できる」とは，「数式として定めてモデルを定義し，そのモデルを解くことで欲しい情報が得られる」という状態を意味していることに留意してください。このことから，「これまでの自己位置推定法ではできないことをできるようにする」というモチベーションを持ち，研究を行ってきました。これこそが，本書が主張している「自己位置推定の高度化」になります。つまり，単に使う情報を工夫して自己位置推定の精度や頑健性を向上させるのでなく，自己位置推定問題単体とは異なる定式化を行い，自己位置と同時に他の重要な情報を知ることができるような拡張を行っています。その代表的な取組みが7章で述べる「信頼度付き自己位置推定」であり，自己位置推定結果の信頼度を推定するというものです。このように，これまでの自己位置推定でできないことをできるようにする「高度化に基づく高性能化」こそ，真に自動走行技術の社会実装につながると著者は考えています。

このような理由から，本書は自己位置推定を実装，または利用した経験があり，その問題の存在を認識し，解決したいというような考えを持った読者にとって，有益であると考えられます。入門的な部分については，1〜5章までで自己位置推定の基礎とそれを理解するために必要な数学的知識，またその実装方法も解説します。自己位置推定以外の内容についてさらに詳しく知りたい方は，他の書籍（例えば，「Probabilistic Robotics」[1)]，「詳解 確率ロボティクス」[2)]，「SLAM入門」[3)]）を参考にしてください。

本書では，論文のように単に数式を説明するだけでなく，C++による実装例も掲載し，より実現の方法がわかりやすくなるように配慮しました。また，近年のオープンソースソフトウェアの流れに乗り，利用した実際のソースコードも公開しています[†]。このソフトウェアを通して，著者がこれまでに培ってきた技術が，少しでも社会に還元されることを願っています。

著者自身は，2016年3月に博士号を取得した身分であり，いわゆる大御所と呼ばれるような研究者ではありません。それにもかかわらず，私のような若手の研究者に，本書の執筆の機会を与えてくださったコロナ社には，大変感謝しています。微力とは思いますが，本書がロボティクス分野，ひいてはわが国の科学技術力向上につながれば幸いです。

最後になりますが，本書は，2016年からこれまでの間に，著者が名古屋大学で行った研究の成果を基にまとめたものです。この間，国立研究開発法人科学技術振興機構の研究成果展開事業「センター・オブ・イノベーションプログラム（名古屋COI：高齢者が元気になるモビリティ社会）」から多大な支援をいただきました。この支援なしには，本書は存在し得ませんでした。またこの研究期間を通して，名古屋大学内外からの多くの研究者・技術者から助言をいただきました。本来ならお一人ずつ名前を挙げて感謝を申し上げたいところですが，紙面の都合で割愛させていただきます。これらの支援や助言に対してここに感謝し，お礼申し上げます。

2022年4月

赤井直紀

† https://www.coronasha.co.jp/np/isbn/9784339032406/

目　　　次

1.　自己位置推定およびその高度化について

2.　開発環境構築とシミュレータ

3.　数 学 的 基 礎

4.　自己位置推定の定式化と動作モデル，観測モデル

5.　モンテカルロ位置推定の実装

6.　自己位置と観測物体のクラスの同時推定

7. 信頼度付き自己位置推定

10. 自己位置推定の高性能化に向けて

1 自己位置推定および その高度化について

本章では，本書で扱う自己位置推定がどのようなものか，またなぜそれが重要なのかといった基礎的なことを，自動走行の例を挙げながら解説します。その後，本書の目的でもある自己位置推定の高性能化を行うことのモチベーションに関して解説していきます。そして，本書で扱う手法について述べた後に，本書の構成を整理します。

1.1 自己位置推定およびその高度化

自己位置推定（localization）問題とは，与えられた地図上において，対象とする移動体の相対位置を求める問題です。これはロボットや自動車が自動走行を行うためにきわめて重要な要素技術であり，これまでに多くの研究が行われてきました。「自己位置推定を行う」ということは，基本的には「センサから得られた情報を地図と照合する」ということです。例えば図 **1.1**(a) に示すように，本書で扱う 2 次元のレーザセンサ（2D LiDAR）を想定すると，2 次元のスキャンデータ（**点群**（point cloud））を得ることができます。この点群を，環境形状を表現した地図と照合，すなわち合わせ込む・重ねることで，地図に対してセンサがどの位置にあるか（相対位置）を知ることができます（図 (b)）。これだけ聞くと簡単な問題に聞こえますが，やはり多くの研究が行われてきたという背景もあり，難しい問題が多数含まれます。

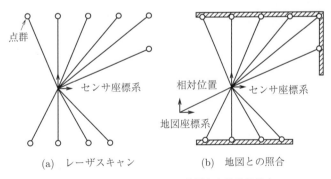

(a)　レーザスキャン　　　　(b)　地図との照合

図 **1.1**　2D LiDAR による計測と自己位置推定

自己位置推定の議論をしていてしばしば問題視されることは，実際の環境と地図が変化してしまった際の推定の頑健性（ロバスト性）です。環境が地図を構築したときと比べて変化してしまうと，当然ながら得られるセンサ観測値の形状と，地図の形状が異なることとなります。セ

ンサの観測値と地図を照合させることが自己位置推定の基本なので，これは大きな影響となります。なお，地図と環境が変わってしまった場合に自己位置推定が難しくなるというのは，非常に直観的な説明でしかありませんが，数式として表現した場合になぜ難しくなるのかという解説は，4章にて行っています。

また，自己位置推定を応用することを考えると，安全性の確保のためにも，「自己位置推定した結果が本当に正しいか・信頼できるか」を知りたいという要望が出てきます。しかし，推定した結果が本当に正しいかを知ることはきわめて困難です。自己位置推定の失敗を数式で定義することは可能なのですが，その式を計算することが不可能なのです†。ここでは詳細は省きますが，上述のとおり，自動運転にも自己位置推定の機能が使われています。一例ですが，**図1.2** に，自己位置推定をベースとする一般的な自動走行システムのブロック図を示します。著者はこれまでに，屋外自律移動ロボットの開発[4),5)] や，一般公道での自動運転の実証実験[6),7)] といった取組みに関わってきましたが（**図1.3**），それらのすべては図1.2に示すブロック図を基本として実装されています。

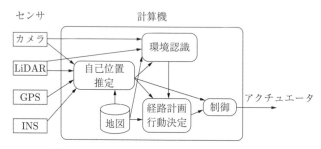

図1.2　一般的な自動走行システムのブロック図

これらの自動走行でも，図1.2に示すブロック図に基づいた
システムが実装されています。

図1.3　著者がこれまでに行ってきた屋外自律移動[4),5)] や，
一般公道での自動運転の実証実験[6),7)] での例

図1.2からわかるとおり，自動走行を実施するにあたり，まず自己位置推定のモジュールがセンサからの観測値を受け取ります。センサ観測値には，2D LiDAR の他にも，3D LiDAR やカメラ，GPS，**慣性航法システム**（inertial navigation system：INS）などからの観測値があ

---

†　この式を計算するためには，自己位置の真値を知る必要があります。自己位置推定の目的はこの真値を推定することにありますので，真値がわかっているなら，そもそも自己位置推定を行う必要がなくなります。この詳細については9章で述べています。

る場合もあります。慣性航法システムとは，車速計などの内界センサを用いた移動量を計算するシステムです。そして，外界センサの観測値を地図と照合して自己位置推定を行います。この自己位置推定の結果が，環境認識・経路計画モジュールなどに受け渡されます。

　ここで例えば，なぜ環境認識のために自己位置推定の結果を用いるかですが，もちろん単にセンサの観測値から環境を認識するだけであれば，環境認識モジュールは自己位置推定の結果を用いません。しかし，ロボットが侵入してはいけない領域など，一般的にセンサから認識することが困難な情報は，地図にその情報を記述しておくことで，自己位置推定の結果から認識することができます。また経路計画を行う場合にも，地図に混雑しているなどの情報を付加できれば，その情報を活用した計画を実施することができます。このような認識や計画は，高度な自動走行を実現するためにきわめて有効に働きます（むしろ，ないと自動走行の実施が難しくなる場合もあります）。現状の自動走行システムでは，地図を活用してさまざまな情報の取得を行うため，正確に自己位置を知ることがきわめて重要になってきます。

　図 1.2 に示したとおり，自己位置推定は自動走行において最初に実行されるモジュールとなっています。そして，自己位置推定の後段に続く処理は，自己位置推定の結果が正しいという仮定のもとで実装されていることが多いです。つまり，自己位置推定の失敗は，自動走行の失敗に直結するようなものです。そのため，自己位置推定結果が正しいかどうかについて知ることは，自動走行の安全性を保証するうえで，かなり重大な問題となります。

　また，もし上述の自己位置推定の結果が正しいかどうかを知ることができたとしても，推定が正しくないとなった場合には，当然その状態からの復帰処理が必要になります。自己位置推定は基本的に，時系列情報を用いて実行されます。つまり，自己位置推定に失敗している状況とは，この時系列情報に基づいて推定を行った結果であるため，失敗状態から復帰するためには，これまで推定に利用してきた時系列情報とは無関係な，新しい情報を用いる必要が出てきます。すなわち，まったく事前情報がない状態から自己位置推定を行う問題とも解釈できます。このような問題は，**大域的自己位置推定**（global localization）や**初期位置推定**（initial pose estimation）と呼ばれます。なお大域的自己位置推定に対して，初期位置が与えられた状態で移動体の位置を逐次的に推定していく自己位置推定問題は**位置追跡**（position tracking）と呼ばれます。近年では，大規模な地図の利用も可能となってきていますが，大規模環境下で大域的自己位置推定問題を解くことは容易ではありません。

　上述のとおり，自己位置推定問題はいまだに多くの問題を抱えています。そしてこれらの問題は，「従来の自己位置推定法の枠組みでは，数学的に扱うことが困難な事象が存在する」ということに起因しています。本書はこのような，従来の自己位置推定法では対処することができない問題に対して，その枠組みを拡張，もしくは新しい手法を導入することで，その解決を目

指した著者の研究をまとめたものです†。つまり，単に自己位置推定の精度やロバスト性を向上させるためではなく，「従来の自己位置推定システムでは実現できなかったことを実現できるようにする」という取組みをまとめています[8]〜[14]。この取組みを著者は，「自己位置推定の高度化」と呼んでいます。そして，この高度化に基づく，自己位置推定の高性能化の方法を本書は解説しています。

　本書では，論文には記載できないようなプログラムによる具体的な実装例から，必要となる数学的知識をすべて解説しました。さらには，自己位置推定が抱える根本的な課題の解説も行っています。読者はこれら，特に根本的な課題を理解することで，自己位置推定問題とは単に地図上における相対位置を求める問題というだけでなく，異なった視点での課題を有する問題ということが理解できるようになると思います。そして，これらをどのように解決していくかといった具体的な手順が理解できるようになります。「自己位置推定とは，単に位置を求めるものという理解だけでなく，関連して困難な問題が多数存在する」ということを伝えたいというのも，本書を執筆した目的でもあります。

1.2　本書で扱う手法

　自己位置推定問題を解く方法は大きく，**最適化アプローチ**（optimization approach）と**確率論的アプローチ**（probabilistic approach）の二つに分類されます。最適化アプローチで有名な方法としては，ICP（iterative closest points）スキャンマッチング[15]や，NDT（normal distributions transform）スキャンマッチング[16]がありますが，本書では後者の確率論的アプローチにのみ焦点を当てます。これは，確率論的アプローチのほうが柔軟なモデル化が可能であり，実際に高度化を行うにあたり，理論の展開が容易なためです。また，確率論的アプローチで有名な方法としては**カルマンフィルタ**（Kalman filter）や**パーティクルフィルタ**（particle filter）を用いた方法がありますが，本書ではパーティクルフィルタを用いた実装方法のみを扱います。これは，パーティクルフィルタの実装の容易さと，推定性能の高さの利点のためです。特に6，7章で解説する手法では，**ラオ・ブラックウェル化パーティクルフィルタ**（Rao-Blackwellized particle filter）を用います。また本書では，**グラフィカルモデル**（graphical model）を用いた確率モデリングを多用します。

1.3　本書の構成と内容

　本書は，本章も含めて10章で構成されています。以下，簡単に各章で解説する内容をまとめ

---

†　上述の大域的自己位置推定に関する方法は9章で解説しますが，厳密には，これは従来の自己位置推定法の枠組みから外れません。しかし，実際にその実装が可能となったのは，深層学習の発展による恩恵が大きいです。その意味で，新しい技術の登場により現実的に実装ができた方法であるため，本書で解説しています。

ます。

　2章では，本書が利用するプログラムの開発環境構築方法と，シミュレータについて解説します。もし本書から論理的な部分のみを学びたいと考えている場合は，読み飛ばしていただいて問題ない章です。

　3章では，確率的自己位置推定を理解するために必要な数学的知識を解説します。特に本書では，グラフィカルモデルの解説まで行っています。これは，確率変数間の関係をノードとエッジのグラフで表現したものです。文献 1)〜3) にもグラフィカルモデルに関する記述はありますが，本書では少し複雑なグラフを扱うため，グラフィカルモデルの解説まで行っています。このグラフィカルモデルからの式展開の理解は，新たに自分でモデルを構築する場合に，きわめて有効な手助けになります。この点は，他書と比べた本書の利点であると考えています。

　4章では，通常の確率的自己位置推定問題の定式化について解説します。またこれに付随して導出される，動作・観測モデルについても解説します。この章は，後で述べる自己位置推定の高性能化を行うためのモチベーションになる箇所を解説している部分にも相当します。

　5章では，4章で述べた確率的自己位置推定法をパーティクルフィルタを用いて実装する方法を解説します。もし，パーティクルフィルタを用いた自己位置推定を理解しているなら，この章までは読み飛ばしてください。

　6章からが，本書が扱うメインテーマとなります。6章では，環境の変化に対して頑健に自己位置推定を行うことを目的とした，「観測物体のクラスを考慮した自己位置推定法」について解説します。ここでいう観測物体のクラスとは，「地図に存在する・しない」を意味しています。もし「地図に存在しない」という情報が自己位置推定を行う前に理解できていれば，それを無視した自己位置推定を行うことが可能になり，環境変化に対する頑健性が向上します。「自己位置推定の頑健性が向上する」とだけ聞くと，従来の自己位置推定法を改善しているだけのように聞こえますが，この方法は，通常の自己位置推定法をモデル化するグラフィカルモデルと異なるグラフによりモデル化されます。すなわち，従来の自己位置推定法を拡張したモデルとなっており，これにより自己位置推定の頑健性を向上させることを実現しています。6章でも詳しく解説しますが，この手法は，観測モデルが持つ問題点解決に寄与する手法にもなっています。

　7章では，自己位置推定結果の正しさを知ることを目的とした，「信頼度付き自己位置推定」について解説します。信頼度付き自己位置推定法は，自己位置推定結果の信頼度までを同時推定できるモデルに拡張しています。従来の自己位置推定法を解いても，明示的にその推定結果が正しいと判断できるパラメータは得られませんが，本手法はそのパラメータを得ることを可能にします。なお，ここでいう信頼度とは，「自己位置推定に成功している確率」を表した値です。つまり信頼度が 100 ％に近ければ，自己位置推定に成功していると判断できます。ただし注意していただきたいのは，本当に正しく「自己位置推定に成功している確率」を答えられるわけではありません（自己位置推定の真値は神のみぞ知る値であり，実際に正しいかどうかを知るすべは存在し得ません）。本章で解説する手法では，自己位置推定の正誤を分類する正誤判

断分類器を用います。つまり，本章で扱う信頼度とは，「使用している正誤判断分類器の統計的な性質に基づいて判断される，自己位置推定に成功している確率」という解釈となります。ただし，正誤判断分類器を直接用いて自己位置推定の正誤を判断（信頼度推定）するより，はるかに安定して信頼度が推定できます。

8章では，センサ観測値と地図の間に生じる誤対応を認識する方法について解説します。また，この誤対応認識に基づき，自己位置推定の失敗を検出する方法を解説します。7章では，自己位置推定の信頼度を求めるということを主眼とし，その際，自己位置推定の正誤判断を行う分類器を用いています。8章で解説する手法は，この正誤判断分類器をより正確に構築することを目的としています。そのため，6，7章で解説するような，従来の自己位置推定問題を拡張する方法とは異なります。なお，誤対応を認識することは難しく，その一番の要因は，自己位置推定問題を解くために用いられる「観測の独立性の仮定」により，「観測値全体の関係性が自己位置推定を実行する際に考慮できなくなること」にあります。これは端的にいうと，観測値の形状を人間のように俯瞰することができないということです。すなわち，人間なら俯瞰して誤対応しているとわかるような状況であっても，従来の自己位置推定の枠組みの中では，これを認識できないということです。8章で解説する手法は，「未知変数全結合型のマルコフ確率場」というモデルを用いることでこの問題を解決し，観測値全体の関係性を考慮しながら誤対応認識を行うことを可能にします。

9章では，自己位置推定の失敗からの復帰を目的として，「One-shot 自己位置推定」と，5章で述べた自己位置推定法の確率的融合法について解説します。One-shot 自己位置推定とは，現時刻のセンサ観測値のみを用いて自己位置を推定する方法です。これは一般には解くことが難しい問題ですが，近年の深層学習の発展により，実現可能性が見えてきています。この方法とモデルに基づく自己位置推定法を融合することで，両者の得手の部分をうまく活用し，自己位置推定の性能の向上を可能にします。つまり，モデルに基づく滑らかな移動軌跡の推定を実現しながら，One-shot 自己位置推定の効果を活用した，自己位置推定の失敗からの即座の復帰も実現します。また，この手法の重要な部分は，二つの自己位置推定法を用いるにあたり，どちらの自己位置推定法を利用するといった切替えのようなしきい値を用いずに，両者の得手を活かした融合が実現できることです。

10章では，本書で問題視した従来の自己位置推定法の課題と，それに対して解説した解決方法について再度整理します。そしてこれに基づき，自己位置推定におけるさらなる課題について解説します。最初に10章を読んでから各章を読むことも，本書の全体的な概要をつかむためには有効といえます。

1.4 ま　と　め

　本章では，自己位置推定とはどのような問題か，またその重要性を自動走行を例に解説しました。そして，本書が問題視する従来の自己位置推定法の課題を解説し，それらに対して本書が示す解決方法を簡単に解説しました。以降5章までは，自己位置推定に関する基礎的なことに関する解説を行います。その後，6章から9章において，本書のメインとなる自己位置推定法の高性能化手法について解説します。また，本書の全体的な概要をつかむために，10章を最初に読むことも有効といえます。

2 開発環境構築と シミュレータ

本章ではまず，本書で利用するプログラムの開発環境の構築，およびイントール方法について解説します。その後に，使用するシミュレータに関する内容を解説していきます。本章は技術的に重要な内容を述べていませんので，本書から数理的なモデルのみを理解したいと考えている方は，本章を読み飛ばしていただいて問題ありません。

2.1 開発環境構築

本書で扱っているプログラムは，OS として Linux Ubuntu 20.04，コンパイラとして gcc を用いて開発しました[†1]。また，その他の公開ソフトウェアとして，CMake, yaml-cpp, gnuplot, OpenCV を用いています。CMake はビルド支援ツールとして，yaml-cpp はファイルの読込みツールとして，gnuplot はグラフ描画ツールとして利用しています。OpenCV はキーボードからの入力受付や，画像として保存された地図を取り扱うために，また一部，地図に対する画像処理を行うためのツールとして利用しています[†2]。本章では，これらのインスール方法について解説していきます。なお前提として，Linux Ubuntu 20.04 の Desktop Image がインストールされているものとします[†3]。また，インターネットにアクセスできる環境を用意してください。

2.1.1 開発環境の構築

まず端末（terminal）を開き，以下のコマンドを入力し，apt の更新を行います。

```
$ sudo apt update
$ sudo apt upgrade
```

apt とは，Debian 系（例えば Ubuntu）のディストリビューションに使われているパッケージ管理用のコマンドです。また sudo とは，スーパーユーザ権限でコマンドを実行する方法であり，アカウントのパスワードの入力を要求されるので注意してください。つぎに以下を入力し，C++ の開発環境をインストールします。

```
$ sudo apt install build-essential
```

[†1] Linux Ubuntu 18.04 でも動作することを確認していますが，本書に示すコマンドのみを実行してインストールできるかの確認は行っていません。また，本書に記載の会社名，製品名は一般に各社の商標（登録商標）です。本文中では TM，® マークは省略しています。
[†2] 本書で扱う 2 次元の自己位置では，地図は 2 次元の幾何形状を表したものとなりますので，画像として扱うと便利なことが多いです。
[†3] VMware のような仮想環境を用いたものでも問題ありません。

同様に，CMake, yaml-cpp, gnuplot のインストール，および OpenCV のインストールのために必要なソフト・ライブラリのインストールを行います。

```
$ sudo apt install cmake
$ sudo apt install libyaml-cpp-dev
$ sudo apt install gnuplot-x11
$ sudo apt-get install libtbb-dev
$ sudo apt-get install libgtk2.0-dev
$ sudo apt-get install libpng-dev libjpeg-dev
$ sudo apt-get install libavformat-dev libswscale-dev
```

つぎに，OpenCV のインストールを行います。今回は，Version 4.2.0 をインストールします†。以下のコマンドで zip ファイルをダウンロードし，解凍します。

```
$ wget -O opencv.zip https://github.com/opencv/opencv/archive/4.2.0.zip
$ unzip opencv.zip
```

ダウンロードができたら，OpenCV のビルドを行います。まず，**cmake** コマンドを実行して Makefile を作成します。

```
$ cd ~/opencv-4.2.0
$ mkdir build
$ cd build
$ cmake -D CMAKE_BUILD_TYPE=RELEASE \
        -D CMAKE_INSTALL_PREFIX=/usr/local \
        -D INSTALL_PYTHON_EXAMPLES=OFF \
        -D INSTALL_C_EXAMPLES=OFF \
        -D BUILD_EXAMPLES=OFF ..
```

`-- Configuring incomplete, errors occurred!` と出た場合は失敗しています。エラーメッセージが出ているはずなので，適宜，修正してください。つぎにプログラムをビルドします。

```
$ make -j 4
```

make の後ろの `-j 4` は，ビルドのためにいくつの CPU を使用するかのオプションです。ビルドにはかなりの時間を要すると思いますので，使用する環境に合わせて多くの CPU を使用することをオススメします。最後に OpenCV のインストールを行い，ライブラリのリンク更新を行います。

```
$ sudo make install
$ sudo ldconfig
```

これで，開発環境の構築は終了です。

2.1.2　ALSEdu のインストール

本書で利用しているプログラムである ALSEdu は，著者が研究してきた自己位置推定システム（advanced localization system：ALS）の学習用パッケージです。コロナ社の書籍紹介ペー

---

† おそらく他の OpenCV のバージョンでも実行できますが，どのバージョンで実行可能かという確認までは行っていません。

ジ[†1]のリンク先にアップロードしています[†2]。

　適当なディレクトリで以下のコマンドを実行し，プログラムのダウンロードとビルドを実行してください。

```
$ git clone https://github.com/NaokiAkai/ALSEdu.git
$ cd ALSEdu
$ mkdir build
$ cd build
$ cmake ..
$ make
```

もし git のインストールがまだでしたら，以下のコマンドでインストールしてください。

```
$ sudo apt install git
```

エラーなくビルドすることができたら，ビルドしたディレクトリで以下のコマンドを実行してください。

```
$ ./ALSTest
```

これで端末に ALSEdu could be compiled. と表示されれば，インストールは完了です。

2.2　シミュレータの概要

　本書では，実際のロボットは使わずに，2 次元平面上を移動する 2D LiDAR を有したロボットのシミュレータを用いて，自己位置推定について学んでいきます。本節では，このシミュレータがどのようなものか解説していきます。

2.2.1　ロボットの構成
　図 **2.1** に，本書が想定するロボットの構成を示します。移動機構は，**左右独立 2 輪駆動**（differential drive）であるとします。ロボットは制御入力 **u** として，並進速度 v と角速度 ω を受け取るものとし，真のロボットの自己位置（**真値**（ground truth））は，この速度に従って正確に移動するものとします。また，ロボットは左右の車輪の回転数を測定できるエンコーダを有しているものとし，そこから速度（移動量）が計測できるものとします。ただし，この速度は，与えられた制御入力にノイズが加えられたものであるため，この速度に従って自己位置を更新していくと，真値からどんどん遠ざかることになります。なお，このように推定された自己位置を**オドメトリ**（odometry）により推定された自己位置と呼びます。

[†1]　https://www.coronasha.co.jp/np/isbn/9784339032406/
[†2]　このサイトからのソフトウェアのダウンロード，およびそのソフトウェアの利用に関するあらゆるリスクは利用者自身が負担することになりますので，これらの行為の結果，何らかの損害が生じた場合は，利用者がすべて責任を負います。また，利用者が本書からアドバイスや情報を得た場合であっても，その内容の真偽，適格性，正確性についても保証するものではありません。さらに，同サイトは予告なく更新・中断をする場合があります。

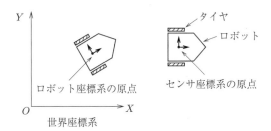

ロボットは世界座標系を移動するものとし，ロボット座標系（ロボットの位置）とは，世界座標系での左右の車輪間の中心を表します。また 2D LiDAR は，ロボットの位置と同じ位置にあるものと想定しています。本書では，ロボット座標系とセンサ座標系の原点は同じです。

図 2.1　本書で想定するロボットの構成

　ロボットは**世界座標系**（world coordinates）を移動するものとします。自己位置推定では，基本的に世界座標系でのロボットの位置を求めることが目的になります。ロボットにも座標があり，これは**ロボット座標系**（robot coordinates）と呼ばれます。ロボット座標系では，ロボットからどの位置に物体があるかなどがわかります。なお，ロボット座標系の原点がロボットの位置であり，これは左右の車輪間の中心とします。さらに，2D LiDAR を基準とした**センサ座標系**（sensor coordinates）も存在します。本書では簡単のため，センサ座標系とロボット座標系の原点を同じとします。センサ座標系とロボット座標系の原点が同じということはほとんどありませんが，このようにすることで，それぞれの座標間での座標変換が省けるようになります。もし扱うロボット座標系とセンサ座標系が違う場合には，必ず座標変換を行ってください。

　なお，**オドメトリ座標系**（odometry coordinates）と呼ばれる座標系が使われる場合もあります。オドメトリ座標系は，世界座標系上で定義される座標系であり，この座標系では，オドメトリにより推定された位置と，現在の推定位置が同じになります。オドメトリによる推定位置はつねに連続的に変化するので，オドメトリ座標系では，ロボットが連続的にどのように移動したかを知ることができます。

2.2.2　シミュレータの起動の確認

　実際にシミュレータが起動するか確認してみます。まずはプログラムをビルドしたディレクトリで，以下のコマンドを実行してください。

```
$ ./RobotSim ../maps/nic1f/
```

　これで**図 2.2** に示すような画像が表示されれば，シミュレータが正常に動作していることになります。画面中央に見える直交した線が，ロボット座標系を表しています。

　引数のディレクトリ`../maps/nic1f/` には，2 種類の地図（ogm と mcl_map）が格納されています。「.pgm」が地図の画像ファイルで，「.yaml」が地図のパラメータ（解像度や原点など）を保存したファイルです。シミュレータは ogm（ogm は occupancy grid map：**占有格子**

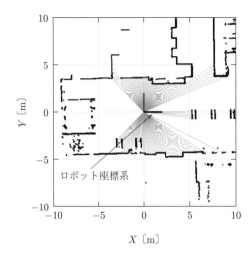

図の中心にロボットが存在していて，x軸の正方向に平行な方向を向いています。ロボットの中心から出ている放射状の線が，2D LiDAR の観測（スキャン）をシミュレートしたものとなっています。スキャンを遮っている黒い物体が，環境中に存在する障害物です。

図 2.2　gnuplot によるシミュレーション環境の表示例

地図†の略です）を読み込み，そのうえで，動作するロボットの移動量や 2D LiDAR の観測値をシミュレートしています。「nic1f」の他に「garage」という地図も用意しているので，そちらも確認してみてください。

　シミュレータが正常に動作すれば，「Keyboard Interface Window」という名前の黒い画面も同時に現れます。この画面をアクティブにした状態で矢印キーの上下を入力すると，ロボットが前進・後退します。また矢印キーの左右を入力すると，ロボットが左右に回転します。スペースキーを入力すると，ロボットは停止します。少しロボットを動かしてみると，赤と緑の直交した座標がもう一つ見えてきます。これがオドメトリ座標，すなわちオドメトリにより推定された自己位置となります。いま，このシミュレータでは，ロボットの真値が必ずグラフの中心になるようにしているため，オドメトリにより推定された自己位置が少しずつ真値からずれていくことが確認できます。なお，シミュレータを終了する場合は，同様に Keyboard Interface Window をアクティブにした状態で「q」を入力します。

2.2.3　シミュレータの中身の確認

　プログラムの中身を見ながら，シミュレータがどのように動作しているか確認していきます。リスト **2.1** に，シミュレーション用のプログラム src/RobotSim.cpp を示します。include/RobotSim.h 内に格納されている RobotSim というクラスを，25 行目で robotSim という名前で宣言し，メインループでは基本的にそのメンバ関数をコールすることでシミュレータを動かしています。それぞれのメンバ関数は RobotSim.h 内で実装されています。シミュレータがどのように実装されているかは，本書では重要な内容ではないので，シミュレータに関するプログラムの解説はこの程度に留めます。5 章以降では，このシミュレータを基本にして，自己位置推定に関する実験を行っていきます。

---

†　2 次元のグリッド地図で，各セルが障害物の存在確率を表しています。

リスト **2.1**　ロボットシミュレータ（src/RobotSim.cpp）

```
1   #include <stdio.h>
2   #include <stdlib.h>
3   #include <unistd.h>
4   #include <iostream>
5   #include <RobotSim.h>
6
7   int main(int argc, char **argv) {
8       // プログラム起動時の引数にマップを格納したディレクトリを指定
9       if (argv[1] == NULL) {
10          std::cerr << "ERROR: argv[1] must be map directory, \
11              e.g., ../maps/nic1f/" << std::endl;
12          exit(1);
13      }
14
15      // gnuplot で描画する範囲を指定
16      double plotRange = 10.0;
17      // オドメトリ（誤差修正されていない位置）をプロット
18      bool plotOdomPose = true;
19      // false だとノイズの加算されたスキャンデータがプロットされる
20      bool plotGTScan = true;
21      // シミュレーションの更新の速さ
22      double simulationHz = 10.0;
23
24      // シミュレーション用のクラス
25      als::RobotSim robotSim(argv[1], simulationHz);
26      // 受け取った key の値を端末に表示
27      robotSim.setPrintKeyValue(true);
28
29      // キー入力を受け付けるために OpenCV のウインドウを用いる
30      cv::namedWindow("Keyboard Interface Window", cv::WINDOW_NORMAL);
31
32      double usleepTime = (1.0 / simulationHz) * 10e5;
33      while (!robotSim.getKillFlag()) {
34          // キー入力の受付
35          int key = cv::waitKey(200);
36          // キー入力に従ってシミュレーション用のパラメータを操作
37          robotSim.keyboardOperation(key);
38          // シミュレーションの更新
39          robotSim.updateSimulation();
40          // ロボットの位置（真値）を端末に表示
41          robotSim.printRobotPose();
42          // gnuplot で表示
43          robotSim.plotSimulationWorld(plotRange, plotOdomPose, plotGTScan);
44          usleep(usleepTime);
45      }
46      return 0;
47  }
```

2.3 ま　と　め

　本章では，本書で利用するプログラムの開発環境構築とシミュレータの解説を行いました。5 章以降では，これらを用いて実際の実装例も見ながら解説を行っていきます。なお，開発環境の構築に関しては，お使いの環境でそれぞれ依存関係などもあると思いますので，適宜修正してください。

3 数 学 的 基 礎

　本書で扱う数学的な基礎知識は，文献 17) の範疇を出ません。そのため，基本的には文献 17) を参考にすれば，必要な知識はすべて学ぶことができます。しかし，網羅的に幅広く関連トピックを取り扱った数学の参考書から，自身にとって必要な要素を見極めて取り出すことはきわめて困難な作業です。そのため本章では，本書を理解するために必要最低限な知識を，文献 17) を参考にしながら解説していきます。これらは，確率的自己位置推定，および本書の主旨である自己位置推定の高性能化を理解するために必要な数学的な基礎知識となっています。特に，3.2 節以降で述べるグラフィカルモデルは，後の章で述べる定式化や，自身で新たなモデルを構築するにあたり，重要な役割を担います。

3.1 確 率 の 基 礎

3.1.1 確 率 分 布

　まず，ある**確率変数**（random variable）として x を考えます。確率変数は，普通の変数とは少し異なり，実体は関数なのですが，厳密な理解を求めないなら，「ある**確率分布**（probability distribution）に従って値の決まる変数」という理解で問題ありません。確率分布は式 (3.1) のように記述します。

$$p(x) \tag{3.1}$$

　式 (3.1) は，x に対する関数であるということを意識してください。後に，条件付き確率や，x がベクトルになるなど，引数が複雑になってきますが，$p(x)$ は x に対する関数ということは変わりません。

　まず，x は 0 か 1 の 2 値を取る**バイナリ変数**（binary variable）とします（$x = \{0, 1\}$）。例えば，コインを投げる問題を考えると，$x = 0$ が表，$x = 1$ が裏に対応すると考えることができます（逆でも問題ありません）。このとき，以下の式が成り立ちます。

$$p(x = 0) = p(x = 1) = \frac{1}{2} \tag{3.2}$$

　$p(x)$ は x の関数でしたが，式 (3.2) では $p(x = 0)$ のように x に具体的な値が入ったため，それに対応するスカラー値（確率）を返します。また，コインの表と裏が出る確率は等しいので，それぞれの確率は $1/2$ となります。

つぎに，x が**離散変数**（discrete variable）の場合を考えます。上述したバイナリ変数も離散変数の例ですが，今回は，例えば目が六つのサイコロを投げる問題を考えると，$x = \{1, 2, 3, 4, 5, 6\}$ という変数が考えられ，これらの目が出ることを表した確率分布は，以下のように記述できます。

$$p(x = 1) = p(x = 2) = p(x = 3) = p(x = 4) = p(x = 5) = p(x = 6) = \frac{1}{6} \tag{3.3}$$

式 (3.3) ではすべての出る目の確率が等しい場合を考えています。もちろん，サイコロに細工がしてある場合はこのような確率分布とはならず，ある目が出る確率だけ高いということも起こります。

コインやサイコロのように，確率変数が離散な場合は，確率分布は確率を返す関数となります。確率と確率分布の重要な性質として，式 (3.4)，式 (3.5) に示すように，「確率は必ず非負で 1 以下の値」であり，「確率分布の総和は 1」というものがあります。

$$0 \leq p(x = x') \leq 1 \tag{3.4}$$

$$\sum_{x'} p(x = x') = 1 \tag{3.5}$$

これらはかなり強い制約ですが，逆にいえば，これらさえ満たせば確率分布として扱ってもよいということになります。

つぎは，x が**連続変数**（continuous variable）である場合を考えてみます。x が連続だと，$p(x)$ も連続な関数となります。このときの確率分布は**確率密度関数**（probability density function）とも呼ばれ，確率密度という値を返す関数となります。代表的な連続な確率分布として，つぎのような**正規分布**（normal distribution）があります。

$$p(x) = \frac{1}{\sqrt{2\pi\sigma^2}} \exp\left(-\frac{(x - \mu)^2}{2\sigma^2}\right) \tag{3.6}$$

式 (3.6) に示す μ は**平均**（mean），$\sigma^2 > 0$ は**分散**（variance）と呼ばれる正規分布を支配する**母数**（hyperparameter）です。正規分布の定義域は $-\infty \sim \infty$ であり，その区間での正規分布の積分値（離散分布的には総和）はつぎのように 1 になります。

$$\int_{-\infty}^{\infty} \frac{1}{\sqrt{2\pi\sigma^2}} \exp\left(-\frac{(x - \mu)^2}{2\sigma^2}\right) dx = 1 \tag{3.7}$$

式 (3.7) は，正規分布が「確率分布の総和は 1 となる」という制約を満たすことを表しています。連続値の場合は，総和を $\sum$ ではなく $\int$ で考えることに注意してください。

少し余談かもしれませんが，$x = \mu$ で σ^2 が 0 に近い場合を考えてみます。$x = \mu$ なので，$\exp(\cdot)$ の値は 1 になります。そして分子に σ^2 があるため，正規分布は 1 より大きい値を返すことがすぐに理解できます。これだけ見ると，「確率は 1 以下の値」という制約を満たしていないように見えますが，「正規分布が返す値は確率密度であり確率とは違う」ということに注意してください。確率密度関数と確率の関係は，「確率密度関数を定義域のある区間で積分した値が

確率となる」というものです。つまり式 (3.8) に示すように，確率密度関数を定積分した値が確率となり，これが非負で 1 以下となっていればよいのです。

$$\int_a^b p(x)dx = p_{a,b} \qquad (0 \le p_{a,b} \le 1) \tag{3.8}$$

最後に引数がベクトル $\mathbf{x}$ となる場合を考えます。ベクトルの確率分布 $p(\mathbf{x})$ と聞くと複雑そうですが，実際には複雑ではありません。例えば $\mathbf{x} = (x, y)^\top$ とすると（$\top$ は転置を表します）

$$p(\mathbf{x}) = p(x, y) \tag{3.9}$$

となります。つまり式 (3.9) は，x と y の 2 変数の関数であると考えるだけでよいのです。あとは，x, y が離散変数か連続変数であるかを考慮し，どのような関数になるかを考えることになります。

3.1.2　期待値と分散

確率分布とはその名のとおり「分布」であり，これだけでは扱いが難しいです。例えば，確率的自己位置推定の結果は，ロボットの自己位置に対する確率分布となるのですが，この分布を基にロボットを制御しようとしたとしても，分布のままでは扱いづらいです。そこで，確率分布からある一つの値を取り出して利用することが多いのですが，代表的なものにつぎのような**期待値**（expectation）があります。

$$E[x] = \sum_x xp(x) \tag{3.10a}$$

$$E[x] = \int xp(x)dx \tag{3.10b}$$

それぞれ，式 (3.10a) は離散変数，式 (3.10b) は連続変数の場合を表しています。

また，推定結果にどれだけ自信があるかのように，確率分布のばらつきを知りたい場合があります。その場合にはつぎのような**共分散**（covariance）を用いることができます。

$$\mathrm{Cov}[x] = E[x - E[x]]^2 = E[x^2] - E[x]^2 \tag{3.11}$$

式 (3.11) からもわかるとおり，分散は期待値からの偏差の期待値を 2 乗したものとなっています。すなわち，共分散の値が小さいということは，分布が収束している状態であり，推定の結果に自信がある状態といえます。

3.1.3　同時確率と条件付き確率

式 (3.9) で，確率変数 $\mathbf{x} = (x, y)^\top$ があるとき，その確率分布は $p(x, y)$ となると述べました。このように，対象となる変数が複数存在する確率を**同時確率**（joint probability）といいます。もし，x と y がたがいに関係のない変数，すなわち**独立**（independent）である（$x \perp\!\!\!\perp y$ と表記

します）とすると，以下のように因数分解することができます。

$$p(x, y) = p(x)p(y) \tag{3.12}$$

これは，「x と y に関係がないなら，それぞれ個別に考えてもよい」ということを意味しており，直観的にも理解しやすいものとなっています。なお，式 (3.12) のように分解できるのは，あくまで変数間に独立な関係が成り立つときのみです。独立は必ずしも成り立つ関係ではないので注意してください。

また確率には，つぎのような**条件付き確率**（conditional probability）というものが存在します。

$$p(x|y) \tag{3.13}$$

これは，確率変数 y がすでに観測できている場合における，x の確率分布となります。つまり式 (3.13) は，「y は固定値とした x に対する関数」を表しています。

いま，$p(y) > 0$ であるとすると，式 (3.14) が成り立ちます。

$$p(x|y) = \frac{p(x, y)}{p(y)} \tag{3.14}$$

さらに，もし x と y が独立であるとすると，式 (3.12) の関係から

$$p(x|y) = \frac{p(x)p(y)}{p(y)} = p(x) \tag{3.15}$$

となります。式 (3.15) も直観的にも理解しやすく，「x と y に何の関係もなければ，y が観測できたとしても x に関しては何も情報を与えない」ということを意味します。

3.1.4 加法定理，乗法定理，全確率の定理，ベイズの定理

確率には，**加法定理**（sum rule）と**乗法定理**（product rule）と呼ばれる定理があります。まず，加法定理を式 (3.16) に示します。

$$p(x) = \sum_y p(x, y) \tag{3.16a}$$

$$p(x) = \int p(x, y) dy \tag{3.16b}$$

それぞれ，式 (3.16a) は離散系，式 (3.16b) は連続系の場合を表しています。加法定理の操作は**周辺化**（marginalization）とも呼ばれ，これにより得られた確率や確率分布を**周辺確率**（marginal probability）や**周辺確率分布**（marginal probability distribution）と呼ぶこともあります。これは，$p(x)$ を求めるために，同時分布 $p(x, y)$ の y の事象すべて（周辺）を考慮した和を計算しているためです。

つぎに，乗法定理を式 (3.17) に示します。

$$p(x, y) = p(x|y)p(y) \left(= p(y|x)p(x)\right) \tag{3.17}$$

式 (3.17) において $(= p(y|x)p(x))$ としているのは，x の条件付き確率として考えた式変形
も可能なためです。どちらの変形を行うかは，扱う問題によって異なるので注意してください。
加法定理，乗法定理は，確率で扱う式展開の根幹になりますので，必ず理解してください。

乗法定理を加法定理に代入すると，式 (3.18) に示す**全確率の定理**（law of total probability）
を得ることができます。

$$p(x) = \sum_y p(x|y)p(y) \tag{3.18a}$$

$$p(x) = \int p(x|y)p(y)dy \tag{3.18b}$$

さらにこれらの関係から，式 (3.19) に示す**ベイズの定理**（Bayes' theorem）を得ることがで
きます。

$$p(x|y) = \frac{p(y|x)p(x)}{p(y)} = \frac{p(y|x)p(x)}{\sum_{x'} p(y|x')p(x')} \tag{3.19a}$$

$$p(x|y) = \frac{p(y|x)p(x)}{p(y)} = \frac{p(y|x)p(x)}{\int p(y|x')p(x')dx'} \tag{3.19b}$$

これらの定理に関しても，それぞれ離散系（式 (3.18a)，式 (3.19a)）と連続系（式 (3.18b)，
式 (3.19b)）の場合を示しておきます。この二つの定理も，確率的自己位置推定において重要な
役割を果たしますが，あくまで加法定理，乗法定理を用いて導かれているということに注意して
ください。加法定理，乗法定理がきわめて重要なため，再度，その重要性を言及しておきます。

ここで，ベイズの定理を少し詳しく見てみます。ベイズの定理の左辺 $p(x|y)$ は**事後確率**（pos-
terior probability）や**事後分布**（posterior distribution）と呼ばれます（離散系か連続系かで，
使われる言葉が変わります）。これは，y という観測が得られた後での x に関する確率を表し
ているためです。一方で，右辺の分子にある $p(x)$ を**事前確率**（prior probability）や**事前分布**
（prior distribution）と呼びます。また，右辺の分子にある $p(y|x)$ を**尤度**（likelihood）や**尤度
分布**（likelihood distribution）と呼びます。つまりベイズの定理とは，「事前確率に尤度を掛
けて更新し，事後確率を得る」という処理になります。

一般的に，事後確率を直接モデル化することは困難ですが，尤度はモデル化できる場合が多
いです。そのため，ベイズの定理を用いることで，直接，事後確率を求められなくとも，事前確
率に尤度を掛けて更新することで，事後確率を求めることができます。なお，右辺の分子は**正
規化**（normalization，確率の総和を 1 に）するための値です。

3.2　グラフィカルモデル

グラフィカルモデルとは，確率変数間の関係をノードとリンクのグラフで表現したものです。グラフィカルモデルでは，**未知（隠れ）変数**（hidden variable）と**可観測変数**（observable variable）が用いられ，それぞれ白と灰色のノードで表現されます[†1]。未知変数は推定の対象となる変数，可観測変数はセンサの観測値などのように観測することができる変数を表しています。

グラフィカルモデルにもさまざまなものがありますが，確率的自己位置推定をモデル化するためには，**有向グラフ**（directed graph）というリンクに向きのあるグラフを用います。特に，自己位置推定のモデル化のために使用されるモデルは，リンクの矢印をたどっても循環しない**有向非循環グラフ**（directed acyclic graph）となっています。このようなグラフは，確率論の立場からはベイジアンネットワーク（Bayesian network）とも呼ばれます。有向グラフではリンクの向きが重要であり，「リンクの先の変数は，リンクの根本の変数に依存している」ということを意味します。そのため，リンクの根本の変数を**親ノード**（parent node），先の変数を**子ノード**（child node）と呼んだりもします。

有向グラフに対して，矢印の向きが存在しないグラフも存在します。そのようなグラフは**無向グラフ**（undirected graph）と呼ばれます。確率論の立場からは**マルコフ確率場**（Markov random field）と呼ばれます。このグラフは，8 章で紹介する方法で利用されます。有向グラフではリンクの向きが変数間の依存関係を表していたのに対して，無向グラフにおけるリンクは，変数間の双方的な因果関係を表します。つまり，リンクでつながれた変数どうしがたがいに影響を与えあうということを意味しています。

なお，グラフィカルモデルの中には，有向リンク，無向リンクの両方を持つものも存在します。そのようなグラグは**連鎖グラフ**（chain graph）と呼ばれますが，本書では扱いません[†2]。以下では，ベイジアンネットワークとマルコフ確率場について解説します。

3.3　ベイジアンネットワーク

ベイジアンネットワークの具体的なモデルを考える前に，ベイジアンネットワークが表す確率分布の計算方法を解説しておきます。いま，未知変数 x が N 個存在し，これがベイジアン

[†1] 　未知変数，可観測変数のノードの色や形は，文献により異なることがありますので注意してください。

[†2] 　8 章で用いるマルコフ確率場は，観測値で条件付けされる，すなわち可観測変数が未知変数に依存しています。そのため，未知変数と可観測変数の間に有向リンクが存在しますので，連鎖グラフと呼ぶこともできます。しかし，**モラル化**（moralization）という方法を用いると，グラフにノードを追加，または除去といった操作を行わずに，有向リンクを無向リンクに変化させることができます（モラル化については本書では触れません）。そのため本書では，8 章で用いるグラフをマルコフ確率場と呼びます。

ネットワークを構成しているとします。ベイジアンネットワークは，これらの未知変数の同時分布 $p(x_{1:N})$ を表します（$x_{1:N}$ は $x_1, x_2, \cdots, x_N$ の短縮表記です）。ここで，x_i の親ノードとなる変数の集合を $\mathrm{Pa}(x_i)$ とすると，同時分布は以下のように因数分解できます。

$$p(x_{1:N}) = \prod_{i=1}^{N} p(x_i|\mathrm{Pa}(x_i)) \tag{3.20}$$

式 (3.20) に示すとおり，ベイジアンネットワークが与えられると，求めたい同時分布は簡単に因数分解することができます。

図 3.1 に，ベイジアンネットワークのモデルを 3 例示します。これらのネットワークはどれも $p(a,b,c)$ という同時分布を表しているのですが，それぞれ **tail-to-tail**（図 (a)），**head-to-tail**（図 (b)），**head-to-head**（図 (c)）と呼ばれます†。式 (3.20) に従えば，各モデルはそれぞれ式 (3.21)，式 (3.22)，式 (3.23) のように因数分解できます。

$$\text{tail-to-tail} : p(a,b,c) = p(a|c)p(b|c)p(c) \tag{3.21}$$

$$\text{head-to-tail} : p(a,b,c) = p(a)p(c|a)p(b|c) \tag{3.22}$$

$$\text{haed-to-head} : p(a,b,c) = p(a)p(b)p(c|a,b) \tag{3.23}$$

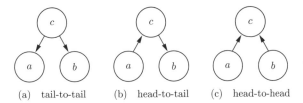

(a)　tail-to-tail　　(b)　head-to-tail　　(c)　head-to-head

図 3.1　ベイジアンネットワークの各モデルの例

これらは，ベイジアンネットワークを理解するためにきわめて重要になります。本節では，これらのネットワークが持つ条件付き独立性について解説していきます。

3.3.1　条件付き独立性

条件付き独立性（conditional independence）とは，ある変数が観測された（固定されるともいいます）ときに，それ以外の二つの確率変数の間に独立の関係を与える性質のことです。例えば，c が観測されたときに，a と b が独立になるとすると，その関係は式 (3.24) のように記述できます。

$$a \perp\!\!\!\perp b | c \tag{3.24}$$

式 (3.12) に示したように，独立な確率変数の同時分布は，積の形に因数分解することができます。つまり，条件付き独立性をうまく活用できると，モデル化が容易になることや計算が簡

---

†　c を中心としてそれぞれの矢印の向きに注目すると，tail と head が指す向きがわかります。

単になるといった利点を得ることができます。図 3.1 に示したネットワークにこの性質を適用してみます。

まず，tail-to-tail（図 (a)）から見ていきます。いま，c が観測されたとしているので，求める確率分布は $p(a, b|c)$ となります。ここで，求める確率分布は $p(a, b|c)$ となりましたが，図 3.1 のモデルが表す確率分布は，$p(a, b, c)$ のまま変わらないということに注意してください。$p(a, b, c)$ に対して，乗法定理を適用すると式 (3.25) になります。

$$p(a, b, c) = p(a, b|c)p(c) \tag{3.25}$$

つまり $p(a, b|c)$ は以下のように変形できます。

$$p(a, b|c) = \frac{p(a, b, c)}{p(c)} \tag{3.26}$$

いまは tail-to-tail のモデルを考えているため，式 (3.26) に式 (3.21) を代入すると以下のようになります。

$$\frac{p(a, b, c)}{p(c)} = \frac{p(a|c)p(b|c)p(c)}{p(c)} = p(a|c)p(b|c) \tag{3.27}$$

式 (3.27) からわかるとおり，a と b に関する確率分布が，c が条件付けされたもとで因数分解できました。すなわち，c が観測されたもとで a と b が独立になったということであり，これが tail-to-tail が持つ条件付き独立性です。

つぎに head-to-tail（図 (b)）を見ていきます。同様に c が観測されたもとでの確率分布を考えるので，式 (3.26) に式 (3.22) を代入すると式 (3.28) が得られます。

$$\frac{p(a, b, c)}{p(c)} = \frac{p(a)p(c|a)p(b|c)}{p(c)} \tag{3.28}$$

ここで，ベイズの定理を考えると，$p(a|c) = p(a)p(c|a)/p(c)$ なので，これを上式に代入すると以下のようになります。

$$\frac{p(a)p(c|a)p(b|c)}{p(c)} = \frac{p(c)p(a|c)p(b|c)}{p(c)} = p(a|c)p(b|c) \tag{3.29}$$

式 (3.29) からわかるとおり，head-to-tail も条件付き独立性を持ちます。

最後に head-to-head（図 (c)）について考えます。これも同様に，式 (3.26) に式 (3.23) を代入すると式 (3.30) が得られます。

$$\frac{p(a, b, c)}{p(c)} = \frac{p(a)p(b)p(c|a, b)}{p(c)} \tag{3.30}$$

式 (3.30) はこれ以上展開することができません。つまり，head-to-head は条件付き独立性を持たないということになります。さらに，head-to-head における a と b のみの同時分布 $p(a, b)$ について考えてみます。この同時分布は，加法定理を用いれば式 (3.31) のように計算できます。

$$p(a, b) = \int p(a, b, c) dc \tag{3.31}$$

繰り返しになりますが，いまは head-to-head を考えているため，上式に式 (3.23) を代入すると以下のようになります。

$$\int p(a, b, c) dc = \int p(a)p(b)p(c|a, b) dc = p(a)p(b) \tag{3.32}$$

ここで，加法定理を適用すると，対象の変数に従う分布（上式であれば $p(c|a, b)$ です）が消去できるということを利用しました。そのため式 (3.32) においては，a と b の分布を因数分解した形で記述することができました。つまり head-to-head では，「c が観測されていない場合は a と b が独立である」ということを意味しています。それにもかかわらず，式 (3.30) に示したように，「c が観測されることで a と b の間に独立性がなくなる」という事態が起きてしまいます。これが head-to-head が持つ性質であり，注意が必要です。

　幸いにも，本書で扱うグラフィカルモデルにおいては，head-to-head の関係は現れません。ただし，もし新たにグラフィカルモデルを基にしてモデル構築をする場合には，head-to-head の関係に気をつけなければならないため，本書で解説しています。

3.3.2　有　向　分　離

前項で行った条件付き独立性の検証は，すべて解析的に行ったものです。当然ですが，ネットワークの構造が複雑になると，この解析計算はより複雑なものとなってしまいます。ここで活躍するのが，ベイジアンネットワークが持つ**有向分離性**（D-separation）です（D は directed の略です）。これは，前項のような解析計算に頼らなくとも，対象とするベイジアンネットワークが持つ条件付き独立性をグラフから読み解くことができるという性質です。つまり，注目している変数の関係が tail-to-tail，head-to-tail，head-to-head のどれかを見ることで，条件付き独立性を持つかどうかがわかるということです。**図 3.2** に，条件付き独立性を持つかどうかを判断するためのルールを示します[†]。以下では，この図を用いながら，実際に有向分離を行っていきます。

教師あり学習（supervised learning）のモデルを例に，有向分離性を見ていきます。教師あり学習とは，教師データ $D = (X, Y)$（X が入力，Y が出力のセットです）から，パラメータ $\mathbf{w}$ を学習し，新たな入力 $\mathbf{x}$ が与えられたときの，出力 $\mathbf{y}$ の値を予測する方法です。**図 3.3**(a) に，教師あり学習のベイジアンネットワークを示します。教師データ D と新たな入力 $\mathbf{x}$ は与えられているので，可観測変数として扱われます。そのため，このグラフィカルモデルが表す確率分布は以下のようになります。

$$p(\mathbf{y}, \mathbf{w} | \mathbf{x}, X, Y) \tag{3.33}$$

[†]　http://machine-learning.hatenablog.com/entry/2016/02/14/123945（2022 年 2 月現在）の記事を参考にしました。素晴らしい記事をまとめていただいたことに感謝し上げます。

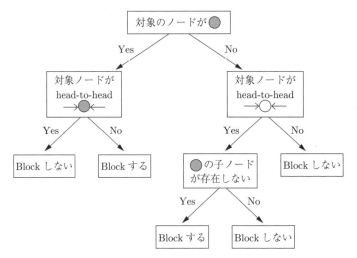

本書で式展開を行う際に，しばしば参考にされる図になります。

図 **3.2**   有向分離のチャート図

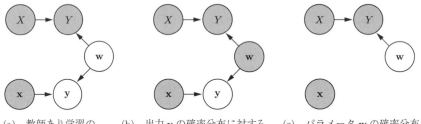

(a)   教師あり学習の
　　　グラフィカルモデル

(b)   出力 **y** の確率分布に対する
　　　グラフィカルモデル

(c)   パラメータ **w** の確率分布に
　　　対するグラフィカルモデル

図 (b) と図 (c) は，図 (a) に関するモデルを式展開していく
際に現れるグラフィカルモデルとなっています。グラフィ
カルモデルを基に式展開を行う際には，途中で考えるモデ
ルが変化することがあるということに注意してください。

図 **3.3**   グラフィカルモデル

式 (3.33) に乗法定理を適用すると，以下のように分解できます。

$$p(\mathbf{y}, \mathbf{w}|\mathbf{x}, X, Y) = p(\mathbf{y}|\mathbf{x}, \mathbf{w}, X, Y)p(\mathbf{w}|\mathbf{x}, X, Y) \tag{3.34}$$

　式 (3.17) に示したように，乗法定理により同時分布は 2 種類の形に変形できます。しかし今回は，式 (3.34) のようにしか分解できません。これは図 (a) のベイジアンネットワークからもわかるとおり，**w** が **y** の親ノードとなっているためです。以下，式 (3.34) 右辺のそれぞれの分布に対する有向分離性を考えます。

　$p(\mathbf{y}|\mathbf{x}, \mathbf{w}, X, Y)$ に対応するグラフィカルモデルを図 (b) に示します。図 (a) に示すモデルと異なり，**w** が可観測変数となっていることに注意してください。これは $p(\mathbf{y}|\mathbf{x}, \mathbf{w}, X, Y)$ において，**w** が条件変数として与えられているためです。**x** と **w** は，**y** の隣のノードになりますので，明らかに **y** に依存関係を与えます。残りの X と Y に関して，図 3.2 のルールに従って依

存関係を見てみます。まず X についてですが，$\mathbf{y}$ と X をつなぐ変数は $\mathbf{w}$ なので，$\mathbf{w}$ に着目します。$\mathbf{w}$ は可観測変数なので，図 3.2 の最初の分岐は Yes となります。つぎの分岐の条件は，矢印が両方 $\mathbf{w}$ に向いているかなので，これは No となります。その結果，$\mathbf{w}$ は X までの経路を遮断（Block）する，ということがわかります。つまり，X は $\mathbf{y}$ に依存関係を与えないのです。そして当然ですが，X は Y に依存関係を与えないとなれば，Y も $\mathbf{y}$ に依存関係を与えなくなります。結果として，$p(\mathbf{y}|\mathbf{x},\mathbf{w},X,Y)$ は以下のように条件が削除されます。

$$p(\mathbf{y}|\mathbf{x},\mathbf{w},X,Y) = p(\mathbf{y}|\mathbf{x},\mathbf{w}) \tag{3.35}$$

式 (3.35) は，新しい入力 $\mathbf{x}$ に対する出力 $\mathbf{y}$ は，入力自身と学習されたパラメータ $\mathbf{w}$ によってのみ決まるということを意味しており，直観的な理解と合うことになります。

つぎに $p(\mathbf{w}|\mathbf{x},X,Y)$ について考えます。この分布に対応するグラフィカルモデルは，図 (c) となっています。図 (a) と異なる点は，$\mathbf{y}$ が消えていることです。$\mathbf{y}$ が消えるということは，$\mathbf{x}$ への経路がなくなるということなので，$\mathbf{x}$ は $\mathbf{w}$ に依存関係を与えません。つぎに，X と Y に関してですが，Y は $\mathbf{w}$ の隣に存在しているので，これは依存関係を与えることになります。では，X と $\mathbf{w}$ の関係を見るために，これらをつなぐ Y に対して，図 3.2 のルールを考えてみます。まず Y は可観測変数なので，最初の分岐は Yes です。そしてつぎの分岐ですが，Y は head-to-head のノードとなっているため，これも Yes となります。つまり，Y は X への経路を遮断（Block）しないということになります。結果として，$p(\mathbf{w}|\mathbf{x},X,Y)$ は以下のように変形されます。

$$p(\mathbf{w}|\mathbf{x},X,Y) = p(\mathbf{w}|X,Y) \tag{3.36}$$

式 (3.36) は，学習されるパラメータ $\mathbf{w}$ は，データセット $D=(X,Y)$ にのみ依存して決まるということを意味しており，これも直観的な理解と合います。

式 (3.35)，式 (3.36) を式 (3.34) に代入すると次式が得られます。

$$p(\mathbf{y},\mathbf{w}|\mathbf{x},X,Y) = p(\mathbf{y}|\mathbf{x},\mathbf{w})p(\mathbf{w}|X,Y) \tag{3.37}$$

応用上では，新たな入力 $\mathbf{x}$ に対する出力 $\mathbf{y}$ の確率分布のみを知ることができればよいので，$\mathbf{y}$ とパラメータ $\mathbf{w}$ の同時分布を得る必要はありません。そこで式 (3.37) に対して，$\mathbf{w}$ に関して周辺化を行い，式 (3.38) を得ます。

$$p(\mathbf{y}|\mathbf{x},X,Y) = \int p(\mathbf{y}|\mathbf{x},\mathbf{w})p(\mathbf{w}|X,Y)d\mathbf{w} \tag{3.38}$$

以上のように，グラフィカルモデルを考慮しながら有向分離を行っていくことで，求めたい確率分布の定式化が格段に行いやすくなります。

3.4　マルコフ確率場

　3.2節でも述べたとおり，マルコフ確率場とは，矢印の向きが存在しないリンクでノードが結ばれているグラフィカルモデルです。そのため，ベイジアンネットワークのような親子といった関係を持たず，たがいのノードが双方的に因果関係を持つことを表します。まずは，具体的なマルコフ確率場の説明に入る前に，前段階として理解しなければならない知識の解説からしていきます。

3.4.1　マルコフ確率場の因数分解

　マルコフ確率場を理解するためには，まず**クリーク**（clique）を理解する必要があります。クリークとは，すべてのノードの組にリンクが存在するグラフ上の部分集合であり，言い換えれば，クリークのノード集合は全結合しています。また，あるクリーク c に着目したときに，c を部分グラフとして持つようなクリークが他に存在しないとき，c を**極大クリーク**（maximal clique）と呼びます[†]。

　図 3.4 に，四つの離散変数 x_1，x_2，x_3，x_4 からなるマルコフ確率場を考えます。$\{x_1, x_2\}$，$\{x_1, x_3\}$，$\{x_2, x_3\}$，$\{x_2, x_4\}$，$\{x_3, x_4\}$ がリンクで結ばれています。これら2変数の組は「すべてのノードの組にリンクが存在する」という定義を満たしますのでクリークとなります。また $\{x_2, x_3\}$ 間にリンクが存在するため，$\{x_1, x_2, x_3\}$，$\{x_2, x_3, x_4\}$ も全結合していることになり，クリークとなります。さらにいえば，「これら3変数からなるクリークを部分グラフとして持つようなクリークが他に存在しない」という定義も満たすため，これらは極大クリークとなります。2変数からなるクリークは，すべて3変数からなるクリークに含まれているため，極大クリークとはなりません。

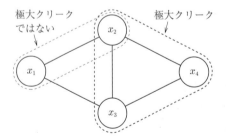

極大クリーク
ではない　　　　　　　　　　　極大クリーク

$\{x_2, x_3, x_4\}$ は，これらの変数からなるクリークを部分グラフとして持つようなクリークが他に存在しないため，極大クリークとなっています。$\{x_1, x_2\}$ は極大クリークとはなりません。

図 3.4　クリークと極大クリークの例

　いま，ある極大クリーク c を含む変数集合を $\mathbf{x}_c$ と書き，この極大クリーク上の**ポテンシャル関数**（potential function）を $\psi_c(\mathbf{x}_c)$ と定めます。このとき，変数集合 $\mathbf{x}$ で構成されるマルコフ確率場が表す同時分布は，以下のように因数分解することができます。

　[†]　最もノード数の多いクリークが極大クリークとなるという解釈ではないので注意してください。

$$p(\mathbf{x}) = \frac{1}{Z} \prod_{c \in C} \psi_c(\mathbf{x}_c) \tag{3.39}$$

式 (3.39) において，C は極大クリークの集合で，Z は**分配関数**（partition function）とも呼ばれる正規化のための定数であり，式 (3.40) のように表されます。

$$Z = \sum_{\mathbf{x}} \prod_{c \in C} \psi_c(\mathbf{x}_c) \tag{3.40}$$

なお，図 3.4 の例を考えれば，$\mathbf{x} = \{x_1, x_2, x_3, x_4\}$，$C = \{\{x_1, x_2, x_3\}, \{x_2, x_3, x_4\}\}$ となります。

3.4.2 ポテンシャル関数の具体例

〔**1**〕 **ボルツマン分布** 式 (3.39) のままでは，具体的にマルコフ確率場が表す確率が理解しにくいと思いますので，ポテンシャル関数 $\psi_c(\mathbf{x}_c)$ についてもう少しだけ詳細を解説します。なお，本書を通して，ポテンシャル関数が重要な役割を担うことがないことだけ先に述べておきます。これは，8 章で用いるマルコフ確率場が持つ性質（未知変数が全結合しているという性質です）により，ポテンシャル関数を定めた厳密推論が行えないためです。そのため，読み飛ばしていただいても問題はありませんが，式 (3.39) だけ示し，具体的な中身に触れないのはもやもやが残ると思い（実際，著者もそうでした），簡単な解説だけ行います。

式 (3.39) は確率分布なので，$\mathbf{x}$ の取り得る範囲内で非負である必要があります。この条件は，同様にポテンシャル関数が非負という条件を満たせば達成できます。ポテンシャル関数は条件さえ満たせば自由に設計することが可能ですが，一例として，式 (3.41) に示すような指数関数を用いた表現があります。

$$\psi_c(\mathbf{x}_c) = \exp\{-E(\mathbf{x_c})\} \tag{3.41}$$

ここで $E(\cdot)$ は**エネルギー関数**（energy function）であり，この指数関数表現は**ボルツマン分布**（Boltzmann distribution）と呼ばれます。なお，式 (3.41) を式 (3.39) に代入すると次式が得られます。

$$p(\mathbf{x}) = \frac{1}{Z} \exp\left\{ -\sum_{c \in C} E(\mathbf{x_c}) \right\} \tag{3.42}$$

式 (3.42) は，極大クリークごとにエネルギー関数を定め，その和を計算することで $p(\mathbf{x})$ が計算できることを意味します。なお，エネルギー関数は自分で設計する必要がありますが，これは扱うモデルを考えながら設計する必要があります。そのため，具体例を考えるとわかりやすいので，以下では，2 値画像におけるノイズ除去の問題を考えてみます。

〔**2**〕 **画像のノイズ除去** いま，$\mathbf{y} = (y_1, y_2, \cdots, y_M)^\top$ という画像が観測されたとします。ここで $y_i \in \{-1, 1\}$ であり，M は画像における画素の通し番号とします。画像（観測値）

$\mathbf{y}$ にはノイズが混じっているとします。いま，図 **3.5** に示すようなグラフィカルモデルを考えます。このモデルは，観測値 $\mathbf{y}$ それぞれに対して，未知変数 $\mathbf{x} = (x_1, x_2, \cdots, x_M)^{\top}$ が対応し，さらに隣接している x の間にリンクが存在するモデルです。ここで $x_i \in \{ \ 1, 1\}$ であり，$\mathbf{x}$ はノイズを含まない観測値であると仮定します。すなわち，x_i の値がいくつかの確率で反転したものが y_i であるとしています。図に示すモデルは，対応する x_i と y_i の間，および隣接する x の間に強い相関があることを期待したモデルとなっています。

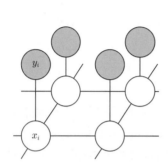

隣接する画素の値は影響し合うということをモデル化するために，隣接する未知変数間に無向リンクが存在しています。また，観測値は未知変数にノイズの加わったものであるということをモデル化するために，観測値と未知変数間にも無向リンクが存在しています。

図 **3.5**　画像のノイズ除去に対する
グラフィカルモデル

　画像のノイズ除去達成のための目的は，未知変数 $\mathbf{x}$ に対する確率分布 $p(\mathbf{x})$ を求めることです。このためには，式 (3.42) に示したとおり，各極大クリークごとにエネルギー関数を定め，その和を計算すればよいことになります。図に示すモデルには，2 種類の極大クリークが存在します。一つは x_i と y_i がなす極大クリーク，もう一つは隣接する x どうしがなす極大クリークです。いま，x_i と y_i の間，および隣接する x の間に強い相関があると仮定しています。これらの値が同じ場合にエネルギーが低くなる，すなわち確率が高くなるモデルを考えればよいことになります。このようなエネルギー関数の実現方法は多数存在しますが，以下のようなモデルを考えます。

$$E(x_i, y_i) = -\eta x_i y_i \tag{3.43}$$

$$E(x_i, x_j) = -\beta x_i x_j \tag{3.44}$$

ここで η と β は正定数であり，x_i と x_j は隣接する未知変数です。式 (3.43)，式 (3.44) のどちらも，たがいの値が同じ場合にエネルギーが負の値となり，低くなります。

　ここで，極大クリークごとのエネルギー関数の総和 $\sum_{c \in C} E(\mathbf{x}_c)$ を $E(\mathbf{x}, \mathbf{y})$ とおくと，以下のように記述できます†。

$$E(\mathbf{x}, \mathbf{y}) = -\eta \sum_i x_i y_i - \beta \sum_{\{i,j\}} x_i x_j \tag{3.45}$$

　いま，$\mathbf{y}$ は観測値であるとしているため，固定されているものとします。この場合，式 (3.45) を用いて，$p(\mathbf{x}|\mathbf{y})$ が以下のように定義できます。

---

†　$\mathbf{x}_c$ は極大クリークをなすノードの集合なので，ここに $\mathbf{y}$ が含まれていると解釈してください。

$$p(\mathbf{x}|\mathbf{y}) = \frac{1}{Z}\exp\{-E(\mathbf{x},\mathbf{y})\} \tag{3.46}$$

式 (3.46) の確率を最大化することで，ノイズ除去を行った画像を得ることができます。なお，式 (3.46) の解法には**グラフカット**（graph cut）などのアルゴリズムが存在しますが，本書では名前の紹介のみに留めます。

3.4.3　一直線のマルコフ確率場

図 **3.6** に，一直線のマルコフ確率場を示します。8 章で用いるマルコフ確率場は，この確率場を拡張したものとなっています。このグラフにおける極大クリークは，隣り合うノードどうしです。そのため，このグラフが表す同時分布は，式 (3.47) に示すように因数分解できます。

$$\begin{aligned}
p(\mathbf{x}) &= \frac{1}{Z}\psi_{1,2}(x_1,x_2)\psi_{2,3}(x_2,x_3)\cdots\psi_{N-1,N}(x_{N-1},x_N) \\
&= \frac{1}{Z}\prod_{n=1}^{N-1}\psi_{n,n+1}(x_n,x_{n+1})
\end{aligned} \tag{3.47}$$

図 3.6　一直線のマルコフ確率場

いま，$p(x_n)$ を求めることを考えます。加法定理を使うと，総和を取った変数を除去することができます。つまり，x_n 以外の変数の和を取ることで，$p(x_n)$ を求めることができます。

$$p(x_n) = \frac{1}{Z}\sum_{x_1}\cdots\sum_{x_{n-1}}\sum_{x_{n+1}}\cdots\sum_{x_N}p(\mathbf{x}) \tag{3.48}$$

しかし，式 (3.48) を計算することは現実的ではありません。$x_n \in \mathbb{R}^K$（x_n が K 次元の変数ということです）とすると，$p(\mathbf{x})$ が取る状態数は K^N 個となります（サイコロを 2 回投げると出る目の通りが $6^2 = 36$ 通り，N 回投げると 6^N 通りということと同じです）。すなわち，和演算を行う回数が N 乗で増えてしまいます。しかし，ここでも，グラフィカルモデルの条件付き独立性を用いることで，この計算をはるかに効率的に行うことが可能になります。

この計算が効率的に行えるということを知るためには，実際に式変形を追いかけるのが都合がよいです。そこで，$p(x_4) = \sum_{x_1}\sum_{x_2}\sum_{x_3}\frac{1}{Z}\psi_{1,2}(x_1,x_2)\psi_{2,3}(x_2,x_3)\psi_{3,4}(x_3,x_4)$ がどのように計算できるか見てみます。まず，x_1 に依存するポテンシャル関数が $\psi_{1,2}(x_1,x_2)$ しかないことがわかります。そこで，まずはこの和を取り，式を変形します。

$$\begin{aligned}
&\sum_{x_1}\sum_{x_2}\sum_{x_3}\frac{1}{Z}\psi_{1,2}(x_1,x_2)\psi_{2,3}(x_2,x_3)\psi_{3,4}(x_3,x_4) \\
&= \frac{1}{Z}\sum_{x_3}\sum_{x_2}\sum_{x_1}\psi_{3,4}(x_3,x_4)\psi_{2,3}(x_2,x_3)\psi_{1,2}(x_1,x_2)
\end{aligned}$$

$$= \frac{1}{Z} \sum_{x_3} \sum_{x_2} \psi_{3,4}(x_3,x_4)\psi_{2,3}(x_2,x_3)\{\psi_{1,2}(x_1=1,x_2)+\cdots+\psi_{1,2}(x_1=K,x_2)\}$$

$$= \frac{1}{Z} \sum_{x_3} \sum_{x_2} \psi_{3,4}(x_3,x_4)\psi_{2,3}(x_2,x_3)\left\{\sum_{x_1}\psi_{1,2}(x_1,x_2)\right\} \tag{3.49}$$

ここで，$\sum_{x_1}\psi_{1,2}(x_1,x_2)=\boldsymbol{\mu}_\alpha(x_2)$ とおきます（x_1 で和を取るので x_2 のみの関数となります）。$\boldsymbol{\mu}_\alpha(x_2)$ の具体的な計算法は後で述べますので，まずはこれを式 (3.49) に代入し，さらに x_2 の和を取るように式変形を行います。

$$\frac{1}{Z} \sum_{x_3} \sum_{x_2} \psi_{3,4}(x_3,x_4)\psi_{2,3}(x_2,x_3)\left\{\sum_{x_1}\psi_{1,2}(x_1,x_2)\right\}$$

$$= \frac{1}{Z} \sum_{x_3} \sum_{x_2} \psi_{3,4}(x_3,x_4)\psi_{2,3}(x_2,x_3)\boldsymbol{\mu}_\alpha(x_2)$$

$$= \frac{1}{Z} \sum_{x_3} \psi_{3,4}(x_3,x_4)\{\psi_{2,3}(x_2=1,x_3)\boldsymbol{\mu}_\alpha(x_2)+\cdots+\psi_{2,3}(x_2=K,x_3)\boldsymbol{\mu}_\alpha(x_2)\}$$

$$= \frac{1}{Z} \sum_{x_3} \psi_{3,4}(x_3,x_4)\left\{\sum_{x_2}\psi_{2,3}(x_2,x_3)\boldsymbol{\mu}_\alpha(x_2)\right\} \tag{3.50}$$

ここでさらに，$\sum_{x_2}\psi_{2,3}(x_2,x_3)\boldsymbol{\mu}_\alpha(x_2)=\boldsymbol{\mu}_\alpha(x_3)$ として式 (3.50) に代入すれば，最終的に式 (3.51) を得ます。

$$\frac{1}{Z} \sum_{x_3} \psi_{3,4}(x_3,x_4)\left\{\sum_{x_2}\psi_{2,3}(x_2,x_3)\boldsymbol{\mu}_\alpha(x_2)\right\} = \frac{1}{Z} \sum_{x_3} \psi_{3,4}(x_3,x_4)\boldsymbol{\mu}_\alpha(x_3) \tag{3.51}$$

この式変形から，「和演算の順序を入れ替えることで，x_1 から昇順に連鎖的な計算が行える」ということがわかります。

つぎに，$\boldsymbol{\mu}_\alpha(x_2)$ の具体的な計算方法を考えます。いま，$x_n \in \mathbb{R}^K$ としていますので，ポテンシャル関数 $\psi_{1,2}(x_1,x_2)$ は，式 (3.52) に示すような $K \times K$ の行列 $\Psi(x_1,x_2)$ を作ります。

$$\Psi(x_1,x_2) = \begin{pmatrix} \psi_{1,2}(x_1=1,x_2=1) & \cdots & \psi_{1,2}(x_1=K,x_2=1) \\ \vdots & \ddots & \vdots \\ \psi_{1,2}(x_1=1,x_2=K) & \cdots & \psi_{1,2}(x_1=K,x_2=K) \end{pmatrix} \tag{3.52}$$

ここで，$\Psi(x_1,x_2)$ の各行について和を取ります。

$$\begin{pmatrix} \psi_{1,2}(x_1=1,x_2=1)+ & \cdots & +\psi_{1,2}(x_1=K,x_2=1) \\ \vdots & \ddots & \vdots \\ \psi_{1,2}(x_1=1,x_2=K)+ & \cdots & +\psi_{1,2}(x_1=K,x_2=K) \end{pmatrix}$$

$$= \begin{pmatrix} \sum_{x_1} \psi_{1,2}(x_1, x_2 = 1) \\ \vdots \\ \sum_{x_1} \psi_{1,2}(x_1, x_2 = K) \end{pmatrix} = \boldsymbol{\mu}_\alpha(x_2) \tag{3.53}$$

式 (3.53) に示すとおり，$\Psi(x_1, x_2)$ の各行について和を取ったものが $\boldsymbol{\mu}_\alpha(x_2)$ となっています。ここで，$\mathbf{1} = (1 \cdots 1)^\top \in \mathbb{R}^K$ を導入します。これにより，$\boldsymbol{\mu}_\alpha(x_2)$ を式 (3.54) のように記述します。

$$\boldsymbol{\mu}_\alpha(x_2) = \Psi(x_1, x_2)\mathbf{1} \tag{3.54}$$

「連鎖的」という言葉ですでに気付いている方もいるかもしれませんが，$\boldsymbol{\mu}_\alpha(x_3)$ は以下のように計算されます。

$$\begin{pmatrix} \psi_{2,3}(x_2 = 1, x_3 = 1)\mu_\alpha(x_2 = 1) + & \cdots & + \psi_{2,3}(x_2 = K, x_3 = 1)\mu_\alpha(x_2 = K) \\ \vdots & \ddots & \vdots \\ \psi_{2,3}(x_2 = 1, x_3 = K)\mu_\alpha(x_2 = 1) + & \cdots & + \psi_{2,3}(x_2 = K, x_3 = K)\mu_\alpha(x_2 = K) \end{pmatrix}$$

$$= \begin{pmatrix} \sum_{x_2} \psi_{2,3}(x_2, x_3 = 1)\mu_\alpha(x_2) \\ \vdots \\ \sum_{x_2} \psi_{2,3}(x_2, x_3 = K)\mu_\alpha(x_2) \end{pmatrix} = \Psi(x_2, x_3)\boldsymbol{\mu}_\alpha(x_2) = \boldsymbol{\mu}_\alpha(x_3) \tag{3.55}$$

つまり式 (3.54) と式 (3.55) から，ポテンシャル関数が作る行列に対し $\mathbf{1}$ を掛けて得られた新たなベクトルを，つぎのポテンシャル関数が作る行列に掛けるという「連鎖的」な処理を行うことで，$p(x_4)$ が計算できるということがわかります。この連鎖的な処理は，計算されたベクトルがノード間を伝わっていく，または伝播すると考えると，直観的な理解と合うと思います。そのため，ポテンシャル関数が作る行列に対しベクトルを掛けて得られた新たなベクトル，つまりノード間を移動するベクトルをメッセージ（message）と呼びます。

念のため，$p(x_1) = \sum_{x_2} \sum_{x_3} \sum_{x_4} \frac{1}{Z} \psi_{1,2}(x_1, x_2)\psi_{2,3}(x_2, x_3)\psi_{3,4}(x_3, x_4)$ の計算についても見ていきます。上述の計算と同様な部分が多いので省きますが，まず次式のように変形します。

$$\sum_{x_2} \sum_{x_3} \sum_{x_4} \frac{1}{Z} \psi_{1,2}(x_1, x_2)\psi_{2,3}(x_2, x_3)\psi_{3,4}(x_3, x_4)$$

$$= \frac{1}{Z} \sum_{x_2} \sum_{x_3} \psi_{1,2}(x_1, x_2)\psi_{2,3}(x_2, x_3) \left\{ \sum_{x_4} \psi_{3,4}(x_3, x_4) \right\} \tag{3.56}$$

ここで，$\sum_{x_4} \psi_{3,4}(x_3, x_4) = \boldsymbol{\mu}_\beta(x_3)$ とし，式 (3.56) に代入します。

$$\frac{1}{Z}\sum_{x_2}\sum_{x_3}\psi_{1,2}(x_1,x_2)\psi_{2,3}(x_2,x_3)\left\{\sum_{x_4}\psi_{3,4}(x_3,x_4)\right\}$$

$$=\frac{1}{Z}\sum_{x_2}\psi_{1,2}(x_1,x_2)\left\{\sum_{x_3}\psi_{2,3}(x_2,x_3)\boldsymbol{\mu}_\beta(x_3)\right\} \tag{3.57}$$

式 (3.57) と式 (3.51) を見比べるとわかると思いますが，x_4 から降順の場合も，和演算の順序を入れ替えて連鎖的に計算していくことができます。

しかし，わずかに異なるのは，ポテンシャル関数が作る行列を転置することです。$\boldsymbol{\mu}_\beta(x_3)$ の具体的な計算を見ながら確認していきます。$\boldsymbol{\mu}_\beta(x_3)$ は x_4 の和を計算する処理を含みます。ここで，$\psi_{3,4}(x_3,x_4)$ が行列 $\Psi(x_3,x_4)$ の転置を取り，その行ごとの和を取ります。

$$\Psi(x_3,x_4)^\top = \begin{pmatrix} \psi_{3,4}(x_3=1,x_4=1) & \cdots & \psi_{3,4}(x_3=1,x_4=K) \\ \vdots & \ddots & \vdots \\ \psi_{3,4}(x_3=K,x_4=1) & \cdots & \psi_{3,4}(x_3=K,x_4=K) \end{pmatrix} \tag{3.58}$$

$$\begin{pmatrix} \psi_{3,4}(x_3=1,x_4=1)+ & \cdots & +\psi_{3,4}(x_3=1,x_4=K) \\ \vdots & \ddots & \vdots \\ \psi_{3,4}(x_3=K,x_4=1)+ & \cdots & +\psi_{3,4}(x_3=K,x_4=K) \end{pmatrix}$$

$$= \begin{pmatrix} \sum_{x_4}\psi_{3,4}(x_3=1,x_4) \\ \vdots \\ \sum_{x_4}\psi_{3,4}(x_3=K,x_4) \end{pmatrix} = \Psi(x_3,x_4)^\top \mathbf{1} = \boldsymbol{\mu}_\beta(x_3) \tag{3.59}$$

式 (3.58)，式 (3.59) から，x_1 から昇順で計算した際に得られたような，連鎖的な計算が得られることがわかります。もちろん，$\boldsymbol{\mu}_\beta(x_2) = \Psi(x_2,x_3)^\top \boldsymbol{\mu}_\beta(x_3)$ となります。

最終的に，式 (3.48) に示した $p(x_n)$ は，以下のように求めることができます。

$$p(x_n) = \frac{1}{Z}\boldsymbol{\mu}_\alpha(x_n) \otimes \boldsymbol{\mu}_\beta(x_n) \tag{3.60}$$

ここで $\otimes$ はアダマール積であり，ベクトル（もしくは行列）の要素ごとの積を計算することを表した演算子です。式 (3.48) を何の工夫もなく計算すれば，N 乗に比例する回数の和演算を実行しなければなりませんでした。しかし式 (3.60) は，$K \times K$ の行列にサイズ K のベクトルを掛ける操作を $N-1$ 回行い，サイズ K どうしのベクトルのアダマール積を一度計算することで，$p(x_n)$ を求めることができると述べています。これは，十分高速に実現できる計算方法です。これにより，図 3.6 に示した一直線のマルコフ確率場の周辺分布が，効率的に計算できるようになりました。

3.5 ま と め

　本章では，確率的自己位置推定，また本書で解説する自己位置推定の高性能化を理解するために必要な数学的な基礎知識を解説しました。本書全体を読むにあたり，必ずしも読まなければならない章ではありませんが，次章以降で述べる数式の展開が理解できなかった場合は，本章を見返してください。

　著者が知る限りでは，確率的自己位置推定を解説するために，グラフィカルモデルを解説している本はないと思います。これは，確率的自己位置推定で用いられるグラフィカルモデル，すなわちベイジアンネットワークの取扱いは，直観的な理解とほぼ対応し，加法定理，乗法定理を用いた式変形で十分理解できるためであると考えています。つまり，3.3.2 項で述べた有向分離を考えなくとも，ほとんど問題なく理解できるということです。しかし，新たなモデルを作る，すなわち自己位置推定を高性能化するという話を理解するためには，避けるべきではない内容と思い，解説しました。

　さらに本書は，ベイジアンネットワーク以外のグラフィカルモデルであるマルコフ確率場も扱いますので，本章ではその解説も行いました。これは著者の意見ですが，ベイジアンネットワークのような依存関係がはっきりしたグラフィカルモデルから学習すると，明確な依存関係を持たないマルコフ確率場は理解が難しいと感じています。そのためマルコフ確率場の説明では，式変形の途中もできる限り詳細に記述しました。著者が調べた限りでは，マルコフ確率場に関してここまで詳細に式変形を記した資料はないと思っています。この式変形を理解することは，8 章で解説する手法を理解するために役立ちます。

　最後に，繰り返しになりますが，自己位置推定に関する資料で，ここまでグラフィカルモデルを解説している本はないと思います。しかし，このグラフィカルモデルの理解こそが，本書が目指す自己位置推定の高性能化に大きく寄与します。ロボットを動かすというミッションを与えられた際に，「とりあえず動けばよい」という思いで，数式の理解よりもプログラムを書くことを優先することは当然大切です。しかし著者の経験上，それで解決できない問題が出てきたときに，解決案を提示してくれるのが数学です。本書を手に取り，少しでも自己位置推定問題を解決したいと感じている方は，ぜひ本章の数式を理解して次章以降を読み進めてみてください。

4 自己位置推定の定式化と 動作モデル，観測モデル

本章では，従来の確率的自己位置推定法，すなわち文献 1) に述べられている方法について解説します。まず，自己位置推定をモデル化したグラフィカルモデルを示し，そこから再帰的なベイズフィルタとしての定式化に至るまでを解説します。そして，定式化する際に導出される二つの重要なモデルである，動作モデルと観測モデルの具体的な例について解説します。上述のとおり，本章は文献 1) で解説されている自己位置推定に関する内容を適宜抽出した内容となっています。そのため，十分これを理解しているという方は，読み飛ばしていただいて問題ありません。

4.1 自己位置推定の定式化

4.1.1 グラフィカルモデル

図 4.1 に，自己位置推定問題をモデル化したグラフィカルモデルを示します。このモデルでは，自己位置 $\mathbf{x}$ が未知変数として扱われ，制御入力 $\mathbf{u}$，センサ観測値 $\mathbf{z}$，および地図 $\mathbf{m}$ が可観測変数として扱われます。自己位置推定では，現時刻 t での自己位置に対する確率分布を求めることが問題となります。なお，可観測変数は条件変数として扱われます。

$$p(\mathbf{x}_t|\mathbf{u}_{1:t}, \mathbf{z}_{1:t}, \mathbf{m}) \tag{4.1}$$

ここで，$1:t$ は時系列データを表す添字であり，例えば $\mathbf{u}_{1:t}$ は $\mathbf{u}_1, \mathbf{u}_2, \cdots, \mathbf{u}_t$ を表します。つまり，式 (4.1) は，制御入力とセンサ観測値の時系列データ，および地図が与えられたもとでの，現時刻における自己位置の確率分布となります。次項では，式 (4.1) をグラフィカルモデルを参考にしながら式展開していきます。

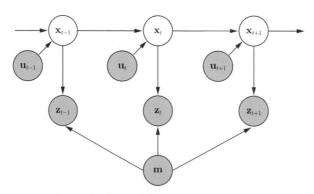

図 4.1 自己位置推定問題のグラフィカルモデル

4.1.2 定　式　化

まず，$\mathbf{x}_t$ と $\mathbf{z}_t$ の関係に着目します。可観測変数が未知変数に依存している場合，ベイズの定理を適用することができます。

$$
\begin{aligned}
&p(\mathbf{x}_t|\mathbf{u}_{1:t}, \mathbf{z}_{1:t}, \mathbf{m}) \\
&= \frac{p(\mathbf{z}_t|\mathbf{x}_t, \mathbf{u}_{1:t}, \mathbf{z}_{1:t-1}, \mathbf{m})p(\mathbf{x}_t|\mathbf{u}_{1:t}, \mathbf{z}_{1:t-1}, \mathbf{m})}{p(\mathbf{z}_t|\mathbf{u}_{1:t}, \mathbf{z}_{1:t-1}, \mathbf{m})} \\
&= \eta p(\mathbf{z}_t|\mathbf{x}_t, \mathbf{u}_{1:t}, \mathbf{z}_{1:t-1}, \mathbf{m})p(\mathbf{x}_t|\mathbf{u}_{1:t}, \mathbf{z}_{1:t-1}, \mathbf{m})
\end{aligned}
\tag{4.2}
$$

ここで $\eta = 1/p(\mathbf{z}_t|\mathbf{u}_{1:t}, \mathbf{z}_{1:t-1}, \mathbf{m})$ とおきました。これは**正規化係数**（normalization constant）と呼ばれます。

式 (4.2) 右辺一つ目の分布に着目し，3.3.2 項で述べた有向分離を用いて，不必要な条件変数を削除していきます。まず，$\mathbf{z}_t$ は $\mathbf{x}_t$ と $\mathbf{m}$ の子ノードになるので，明らかに $\mathbf{x}_t$ と $\mathbf{m}$ に依存します。つぎに，$\mathbf{x}_t$ の親ノードである $\mathbf{x}_{t-1}$ と $\mathbf{u}_t$ に着目します（親の親が依存しているという場合もあるためです）。図 3.2 に示したルールで確認すると，$\mathbf{x}_t$ は，$\mathbf{x}_{t-1}$ と $\mathbf{u}_t$ への経路を遮断することがわかります。そのため，$\mathbf{z}_t$ は $\mathbf{x}_t$ と $\mathbf{m}$ にのみ依存している，ということがわかります。

$$
p(\mathbf{z}_t|\mathbf{x}_t, \mathbf{u}_{1:t}, \mathbf{z}_{1:t-1}, \mathbf{m}) = p(\mathbf{z}_t|\mathbf{x}_t, \mathbf{m})
\tag{4.3}
$$

式 (4.3) は**観測モデル**（measurement model）と呼ばれます。観測モデルを少しだけ詳しく述べれば，ある地図 $\mathbf{m}$ が与えられ，その中で自己位置 $\mathbf{x}_t$ が与えられた際に，観測値 $\mathbf{z}_t$ が得られる確率をモデル化したものです。

つぎに，式 (4.2) 右辺の二つ目の分布に着目します。これはベイズの定理でいうと事前分布に相当します。自己位置推定は，逐次的に移動するロボットの位置を求める問題なので，明らかに一つ前の時刻の自己位置 $\mathbf{x}_{t-1}$ に対して，何かしらの関係を持つべきです。しかし，いまこの分布には，その情報が何も入っていません。ここで，グラフィカルモデルの $\mathbf{x}_t$ と $\mathbf{x}_{t-1}$ の関係に着目します。$\mathbf{x}_{t-1}$ は $\mathbf{x}_t$ の親ノードとなっています。この場合，全確率の定理を適用することができます。

$$
\begin{aligned}
&p(\mathbf{x}_t|\mathbf{u}_{1:t}, \mathbf{z}_{1:t-1}, \mathbf{m}) \\
&= \int p(\mathbf{x}_t|\mathbf{x}_{t-1}, \mathbf{u}_{1:t}, \mathbf{z}_{1:t-1}, \mathbf{m})p(\mathbf{x}_{t-1}|\mathbf{u}_{1:t}, \mathbf{z}_{1:t-1}, \mathbf{m})d\mathbf{x}_{t-1}
\end{aligned}
\tag{4.4}
$$

式 (4.4) 右辺の積分項の一つ目の分布に着目し，ここでも有向分離を用いて不要な条件変数を削除します。まず明らかに，$\mathbf{x}_t$ は，$\mathbf{x}_{t-1}$ と $\mathbf{u}_t$ に依存しています。さらに，$\mathbf{x}_{t-1}$ の親ノードである $\mathbf{x}_{t-2}$ に着目します。図 3.2 のルールを再度確認すると，$\mathbf{x}_{t-1}$ は，$\mathbf{x}_{t-2}$ への経路を遮断していることがわかります。そのため，$\mathbf{x}_t$ は，$\mathbf{x}_{t-1}$ と $\mathbf{u}_t$ に依存しているということがわ

かります†。

$$p(\mathbf{x}_t|\mathbf{x}_{t-1}, \mathbf{u}_{1:t}, \mathbf{z}_{1:t-1}, \mathbf{m}) = p(\mathbf{x}_t|\mathbf{x}_{t-1}, \mathbf{u}_t) \tag{4.5}$$

式 (4.5) は**動作モデル**（motion model）と呼ばれます。動作モデルを少しだけ詳しく述べれば，1 時刻前の自己位置 $\mathbf{x}_{t-1}$ に対して制御入力 $\mathbf{u}_t$ を与えた際に，現時刻の自己位置 $\mathbf{x}_t$ に存在する確率をモデル化したものです。

上述の式展開をまとめると，式 (4.1) は以下のようになります。

$$\begin{aligned}&p(\mathbf{x}_t|\mathbf{u}_{1:t}, \mathbf{z}_{1:t}, \mathbf{m})\\&= \eta p(\mathbf{z}_t|\mathbf{x}_t, \mathbf{m}) \int p(\mathbf{x}_t|\mathbf{x}_{t-1}, \mathbf{u}_t)p(\mathbf{x}_{t-1}|\mathbf{u}_{1:t-1}, \mathbf{z}_{1:t-1}, \mathbf{m})d\mathbf{x}_{t-1}\end{aligned} \tag{4.6}$$

式 (4.6) 右辺の積分項の二つ目の分布においては，式 (4.4) 右辺の積分項の二つ目の分布から，$\mathbf{u}_t$ が削除されていることに注意してください。これは，$\mathbf{x}_{t-1}$ が $\mathbf{u}_t$，すなわち未来の制御入力に影響を受けるはずがないためです。ここで，式 (4.6) の左辺と，右辺の積分項の二つ目の分布を見てみると，左辺の分布の t を $t-1$ とした分布になっていることがわかります。つまりこの式は，時刻 $t-1$ における自己位置の分布 $p(\mathbf{x}_{t-1}|\mathbf{u}_{1:t-1}, \mathbf{z}_{1:t-1}, \mathbf{m})$ を動作モデル $p(\mathbf{x}_t|\mathbf{x}_{t-1}, \mathbf{u}_t)$ で更新し，観測モデル $p(\mathbf{z}_t|\mathbf{x}_t, \mathbf{m})$ で尤度付けすることで，時刻 t における自己位置の分布 $p(\mathbf{x}_t|\mathbf{u}_{1:t}, \mathbf{z}_{1:t}, \mathbf{m})$ が得られるということを意味しています。これが「再帰的」という意味になっています。特にこの式は，式 (4.2) に示したように，ベイズの定理を適用して得られたものになりますので，**再帰的ベイズフィルタ**（recursive Bayes filter）とも呼ばれます。

式 (4.6) とベイズの定理との関係にもう少しだけ触れます。ベイズの定理では，事後分布，尤度分布，事前分布が用いられます。式 (4.6) において，これらはそれぞれ以下のように対応します。

$$\text{事後分布}: p(\mathbf{x}_t|\mathbf{u}_{1:t}, \mathbf{z}_{1:t}, \mathbf{m}) \tag{4.7a}$$

$$\text{尤度分布}: p(\mathbf{z}_t|\mathbf{x}_t, \mathbf{m}) \tag{4.7b}$$

$$\text{事前分布}: \int p(\mathbf{x}_t|\mathbf{x}_{t-1}, \mathbf{u}_t)p(\mathbf{x}_{t-1}|\mathbf{u}_{1:t-1}, \mathbf{z}_{1:t-1}, \mathbf{m})d\mathbf{x}_{t-1} \tag{4.7c}$$

特に式 (4.7c) の事前分布は，動作モデルを用いて時刻 t の自己位置の分布を予測した分布となっているので，**予測分布**（predictive distribution）とも呼ばれます。パーティクルフィルタによる自己位置推定では，この予測分布を基にパーティクルのサンプリングを行います。すなわち，「パーティクルをどのようにサンプリングするか提案する分布」なので，**提案分布**（proposal distribution）とも呼ばれます。なお，パーティクルをサンプリングする分布としては他のものも考えられるので，予測分布は提案分布の一種であるということになります。

---

† 　時刻 t の状態が時刻 $t-1$ の状態までにしか依存しないことを**マルコフ性**（Markov property，より詳細には 1 次のマルコフ性）といいます。

4.2　動作モデル

　式 (4.5) に示した動作モデル $p(\mathbf{x}_t|\mathbf{x}_{t-1}, \mathbf{u}_t)$ は，1 時刻前の自己位置 $\mathbf{x}_{t-1}$ に制御入力 $\mathbf{u}_t$ を与えた際に，対象とする移動体が自己位置 $\mathbf{x}_t$ にいる確率を示した分布です。これを定義するためには，使用するロボットの**運動学**（kinematics）を考えなければなりません。

　図 2.1 に示したように，本書で扱うロボットは左右独立 2 輪駆動の機構を有します。このロボットが動く世界座標系での位置を (x, y)，角度を θ とします。これらをロボットの**状態**（state）と呼びます。いま制御入力 $\mathbf{u}$ として，並進速度 v と角速度 ω が与えられたとき，このロボットの状態の変化（**状態方程式**（state equations））は以下のように記述できます。

$$\begin{pmatrix} \dot{x} \\ \dot{y} \\ \dot{\theta} \end{pmatrix} = \begin{pmatrix} v\cos\theta \\ v\sin\theta \\ \omega \end{pmatrix} \tag{4.8}$$

ここで˙は時間微分を表しており，このように連続時間で表現された状態方程式は，**連続時間状態方程式**（continuous-time state equations）と呼ばれます。しかし，当然，計算機で微分を扱うことはできません。そこで，与えられた制御入力において Δt 秒間一定で動くと仮定し，その間の移動量を $\Delta d_t = v\Delta t$，$\Delta\theta = \omega\Delta t$ とすると，時刻 $t-1$ から t への自己位置の変化は以下のように記述できます[†]。

$$\begin{pmatrix} x_t \\ y_t \\ \theta_t \end{pmatrix} = \begin{pmatrix} x_{t-1} \\ y_{t-1} \\ \theta_{t-1} \end{pmatrix} + \begin{pmatrix} \Delta d_t \cos\theta_{t-1} \\ \Delta d_t \sin\theta_{t-1} \\ \Delta\theta_t \end{pmatrix} \tag{4.9}$$

　この状態方程式は，**離散時間状態方程式**（discrete-time state equations）と呼ばれます。

　式 (4.9) により表現されるロボットの運動のモデルを**図 4.2** に示します。時刻 $t-1$ から t に

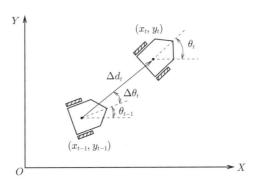

図 4.2　ロボットの運動モデル

[†]　cos, sin の引数を $(\theta_{t-1} + \Delta\theta/2)$ とすることもありますが，短い時間の変化であれば $\Delta\theta/2$ は大きな値とはならないため，本書で扱うモデルでは無視することとしています。

おける移動の x, y, θ 方向の変化量がそれぞれ $\Delta d_t \cos\theta_{t-1}$, $\Delta d_t \sin\theta_{t-1}$, $\Delta\theta_t$ となっていることが確認できます。

式 (4.9) は，あくまでロボットの運動の仕方を表したモデルです。しかし，式 (4.5) に示したとおり，動作モデルは確率分布になりますので，式 (4.9) だけを用いて実現できるものではありません。本書で扱うパーティクルフィルタで用いられる動作モデルを考える場合，パーティクルフィルタの実装と一緒にこの内容を考えるほうが理解しやすいと考えています。そのため，動作モデルの具体的な詳細を解説するのは 5 章に譲ります。

4.3 観 測 モ デ ル

4.3.1 観測の独立性の仮定

式 (4.3) に示した観測モデル $p(\mathbf{z}_t|\mathbf{x}_t, \mathbf{m})$ とは，観測をモデル化しているものなのですが，これは簡単には「得られるセンサの観測値を予測する」ということを意味します。本書では 2D LiDAR を仮定しているので，$\mathbf{z}_t = (\mathbf{z}_t^{[1]}, \mathbf{z}_t^{[2]}, \cdots, \mathbf{z}_t^{[K]})^\top$ というように，K 個の観測値を同時に得られると考えられます。なお，k 番目の 2D LiDAR の観測値 $\mathbf{z}_t^{[k]}$ は，k 番目の計測距離 $d_t^{[k]}$ と，計測角度 $\varphi_t^{[k]}$ を持つものとします（計測角度は固定値であると考えて問題ありません）。しかし，同時に K 個の観測をモデル化するのはほぼ不可能です（詳細な理由は 8 章で解説します）。そこで，**観測の独立性**（independence of measurements）を仮定することで，以下のように因数分解します。

$$p(\mathbf{z}_t|\mathbf{x}_t, \mathbf{m}) = \prod_{k=1}^{K} p(\mathbf{z}_t^{[k]}|\mathbf{x}_t, \mathbf{m}) \tag{4.10}$$

観測の独立性を仮定したことで，式 (3.12) に示したように，独立な変数の同時分布を因数分解できるという性質を利用しました。式 (4.10) から，一つひとつの観測値をモデル化し，その積を計算した結果が，全体の観測値に対する観測モデルと等しいということがわかります。本節では，この観測モデルがどのようにモデル化されるか解説していきます。

4.3.2 ビームモデル

式 (4.10) に示したとおり，因数分解によって一つずつ観測をモデル化すればよいこととなりましたので，1 本のレーザビームによる観測がどのようにモデル化されていくかについて考えていきます。**図 4.3**(a) に示すように，ある地図 $\mathbf{m}$ と，それに対する自己位置 $\mathbf{x}_t$ が与えられているとします。このとき，自己位置 $\mathbf{x}_t$ から角度 $\varphi_t^{[k]}$ で放たれたレーザビームは，距離 $\hat{d}_t^{[k]}$ 先の障害物に衝突することが予測されます。このような確率は，正規分布を用いて以下のように記述できます。

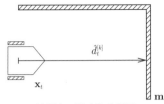
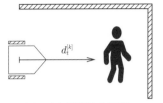

(a)　地図上の障害物を観測　　　　(b)　未知障害物を観測

地図 $\mathbf{m}$ と自己位置 $\mathbf{x}_t$ が与えられれば，地図上のどの障害物を観測するかが予測できます。しかし，実際には，環境変化が発生し，歩行者などがセンサと地図上の障害物の間を通過する可能性もあるため，そのような観測もモデル化しなければなりません。

図 **4.3**　観測のモデル化のために想定する環境

$$p_{\text{hit}}(\mathbf{z}_t^{[k]}|\mathbf{x}_t, \mathbf{m}) = \frac{1}{\sqrt{2\pi\sigma^2}} \exp\left(-\frac{\left(d_t^{[k]} - \hat{d}_t^{[k]}\right)^2}{2\sigma^2}\right) \tag{4.11}$$

ここで $\sigma^2 > 0$ は距離に対する計測の分散です。センサの計測データには必ずノイズが加わるので，このように正規分布を用いてモデル化を行います。

　しかし式 (4.11) だけで，レーザビームによる観測がモデル化できたと考えてはいけません。図 (b) に示すように，実際の環境では歩行者などの動的な障害物が，センサと地図上の障害物との間を通過することがあります。この場合には，実際の観測値 $d_t^{[k]}$ は，予測された観測値 $\hat{d}_t^{[k]}$ より短くなり，式 (4.11) の値はほぼ 0 となってしまいます（詳細は，後述の図 4.5 を参考にしてください）。そこで，未知障害物がセンサと地図上の障害物との間を通過する可能性を考慮し，それを次式によりモデル化します。

$$p_{\text{short}}(\mathbf{z}_t^{[k]}|\mathbf{x}_t, \mathbf{m}) = \begin{cases} \dfrac{1}{1 - \exp(-\lambda\hat{d}_t^{[k]})}\lambda\exp(-\lambda d_t^{[k]}) & (\text{if } 0 \le d_t^{[k]} \le \hat{d}_t^{[k]}) \\ 0 & (\text{otherwise}) \end{cases} \tag{4.12}$$

　式 (4.12) に示す $0 \le d_t^{[k]} \le \hat{d}_t^{[k]}$ のケースで利用される分布は，**指数分布**（exponential distribution）と呼ばれます。**図 4.4**(a) に示すように，2D LiDAR は扇状にレーザビームを飛ばすため，距離が長くなるほど，得られる点群の密度が低下していきます（図 (b)）。これはつまり，レーザビームは遠くの物体よりも近くの物体に当たる確率が高いということを意味しています。このような現象をモデル化するために，指数分布を用いることができます。

　未知障害物の観測の可能性を考慮しただけでは，観測のモデル化としてはまだ不完全です。実際の環境では，突然，センサ観測値が最大となったり，まったく説明不可能なランダムなノイズの影響を受けることもありますので，これらの事象も以下のようにモデル化します。

$$p_{\text{max}}(\mathbf{z}_t^{[k]}|\mathbf{x}_t, \mathbf{m}) = \begin{cases} 1 & (\text{if } d_t^{[k]} = d_{\max}) \\ 0 & (\text{otherwise}) \end{cases} \tag{4.13}$$

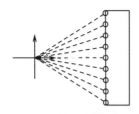 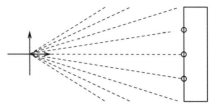

(a)　近距離の物体を観測　　　　　　(b)　遠距離の物体を観測

同じ大きさの物体でも，図 (a) のように近距離で観測す
る場合のほうが，多くのレーザビームが物体に当たるこ
とになります。つまり LiDAR はビームの飛ばし方の性
質上，近距離の物体を観測しやすい傾向にあります。

図 4.4　近距離と遠距離での観測の粗密さの違い

$$p_{\mathrm{rand}}(\mathbf{z}_t^{[k]}|\mathbf{x}_t,\mathbf{m}) = \begin{cases} \mathrm{unif}(0,d_{\max}) & (\text{if } 0 \leq d_t^{[k]} \leq d_{\max}) \\ 0 & (\text{otherwise}) \end{cases} \tag{4.14}$$

ここで $d_{\max}$ は最大の計測距離であり，$\mathrm{unif}(0,d_{\max})$ は与えられた区間での一様分布（すなわ
ち $1/d_{\max}$）です。式 (4.13) と式 (4.14) が，それぞれ計測値が最大，ランダムになる場合をモ
デル化した分布となっています。

　最終的に，式 (4.11)〜(4.14) の線形結合により表現されるモデルを，**ビームモデル**（beam
model）と呼びます。

$$p_{\mathrm{beam}}(\mathbf{z}_t^{[k]}|\mathbf{x}_t,\mathbf{m}) = \begin{pmatrix} z_{\mathrm{hit}} \\ z_{\mathrm{short}} \\ z_{\max} \\ z_{\mathrm{rand}} \end{pmatrix}^{\top} \cdot \begin{pmatrix} p_{\mathrm{hit}}(\mathbf{z}_t^{[k]}|\mathbf{x}_t,\mathbf{m}) \\ p_{\mathrm{short}}(\mathbf{z}_t^{[k]}|\mathbf{x}_t,\mathbf{m}) \\ p_{\max}(\mathbf{z}_t^{[k]}|\mathbf{x}_t,\mathbf{m}) \\ p_{\mathrm{rand}}(\mathbf{z}_t^{[k]}|\mathbf{x}_t,\mathbf{m}) \end{pmatrix} \tag{4.15}$$

式 (4.15) において，z_{hit}，z_{short}，$z_{\max}$，z_{rand} は 0〜1 の任意の実数であり，これらの総和が 1
にならなければなりません。つまりこれらの係数は，式 (4.11)〜(4.14) でモデル化したそれぞ
れの事象が，どの程度の割合で起こるかといったことを決定するパラメータとなります。

　上述したモデルの比較を**図 4.5** に示します。この例では，$\hat{d}_t^{[k]} = 20$ m としています。図の
(a), (b), (c), (d) がそれぞれ式 (4.11)，式 (4.12)，式 (4.13)，式 (4.14) に対応します。もし式
(4.11) しか考慮していないとすると，未知障害物を観測して観測値が短くなった場合に，値が
ほぼ 0 になってしまうことがわかります。そうなると，与えられた自己位置 $\mathbf{x}_t$ が存在する可能
性がなくなるため，たとえその自己位置が正しかったとしても，その解の存在の可能性を保持
できなくなってしまいます。一方，図 (e) のビームモデルでは，そのような観測値が得られるこ
とも考慮できています。そして，観測値が予測値となる地点での確率が高くなっているために，
観測値が地図上の障害物と正しく照合されると，自己位置推定が行えることも確認できます。

　上述のとおり，ビームモデルは，一つのレーザビームを飛ばした際に，どのような観測が起
こるかということを列挙し，それぞれ一つずつモデル化し，その線形結合を考えたモデルです。

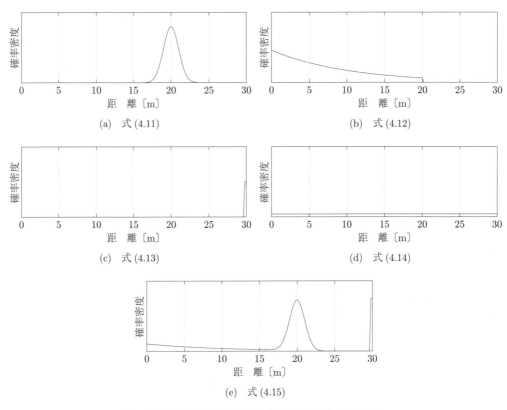

(a) 式(4.11)

(b) 式(4.12)

(c) 式(4.13)

(d) 式(4.14)

(e) 式(4.15)

20 m の位置に地図上の障害物が存在しているとしています。

図 4.5 それぞれの観測モデルの比較

そのため，モデル化の観点から見るときわめて妥当であると考えられます。しかし実用上，問題となる部分があります。まず，式 (4.11)，式 (4.12) で用いられている観測の予測値 $\hat{d}_t^{[k]}$ を計算するためにレイキャスティング（ray casting）を行う必要があり，これが計算コストの高い処理となってしまいます。さらに予測値 $\hat{d}_t^{[k]}$ は自己位置 $\mathbf{x}_t$ の変化に対して敏感に変化することがあり，わずかに $\mathbf{x}_t$ の値が変化しただけで，ビームモデルにより計算される尤度が大きく変わることがあります。これにより，自己位置推定の結果が不安定になることがあり得ます。これらの詳細について本書では解説しませんが，この問題を解決するために，つぎに述べる観測モデルが導入されます。

4.3.3 尤度場モデル

上述のとおり，ビームモデルは，観測の予測値 $\hat{d}_t^{[k]}$ の計算に起因する問題が発生します。この問題を克服するために**尤度場モデル**（likelihood field model）が使われます。尤度場モデルはビームモデルのように，物理的に正しいモデル化という側面を持ちませんが，実用上はかなり優位に機能します。

まず，**距離場**（distance field）という 2 次元のグリッド地図を考えます（3 次元自己位置推

定に活用する場合は 3 次元の距離場を考えます[12]）。距離場とは，**図 4.6** に示すように，各セルが障害物までの最短距離を格納した地図です。つまり，ある自己位置 $\mathbf{x}_t = (x_t, y_t, \theta_t)$ からレーザビームを照射した場合，そのビームが地図上の障害物に当たるなら，そのビームの端点に対応する距離場の値は 0 になります。距離場上でのレーザビームの端点 $(x_t^{[k]}, y_t^{[k]})$ は，以下の座標変換で求めることができます。

$$
\begin{pmatrix} x_t^{[k]} \\ y_t^{[k]} \end{pmatrix} = \begin{pmatrix} x_t \\ y_t \end{pmatrix} + \begin{pmatrix} \cos\theta_t & -\sin\theta_t \\ \sin\theta_t & \cos\theta_t \end{pmatrix} \begin{pmatrix} x_{\text{lidar}} \\ y_{\text{lidar}} \end{pmatrix} + d_t^{[k]} \begin{pmatrix} \cos(\theta_t + \varphi_t^{[k]}) \\ \sin(\theta_t + \varphi_t^{[k]}) \end{pmatrix}
\tag{4.16}
$$

ここで $(x_{\text{lidar}}, y_{\text{lidar}})$ は，ロボット座標系から見た 2D LiDAR の相対位置です。なお，本書のシミュレーションでは，センサとロボットの位置は同じであるため，$(x_{\text{lidar}}, y_{\text{lidar}}) = (0, 0)$ となります。

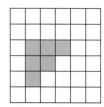

$\sqrt{5}$	2	2	2	$\sqrt{5}$	$\sqrt{8}$
$\sqrt{2}$	1	1	1	$\sqrt{2}$	$\sqrt{5}$
1	0	0	0	1	2
1	0	0	1	$\sqrt{2}$	$\sqrt{5}$
1	0	1	$\sqrt{2}$	$\sqrt{5}$	$\sqrt{8}$
$\sqrt{2}$	1	$\sqrt{2}$	$\sqrt{5}$	$\sqrt{8}$	$\sqrt{13}$

各セルに最も近い障害物までの距離が格納されています。障害物が存在するセルの値は 0 になります。

図 4.6　距離場の例

　ここで，以下のモデルを考えます。

$$
p_{\text{hit}}(\mathbf{z}_t^{[k]}|\mathbf{x}_t, \mathbf{m}) = \frac{1}{\sqrt{2\pi\sigma_{\text{LFM}}^2}} \exp\left(-\frac{d(x_t^{[k]}, y_t^{[k]})^2}{2\sigma_{\text{LFM}}^2} \right)
\tag{4.17}
$$

$\sigma_{\text{LFM}}^2 > 0$ は尤度場モデルで使用される観測の分散，$d(x_t^{[k]}, y_t^{[k]})$ はビームの端点に対応する距離場の値です。式 (4.17) は，距離場の値を正規分布で変換した値となっており，ある一つの値を一つの値に変換しています。つまり，距離場を式 (4.17) で変換したものもまた場となっており，その場を**尤度場**（likelihood field）と呼びます。そして，式 (4.17)，式 (4.13)，式 (4.14) の線形結合によって表されるモデルが尤度場モデルとなります。

$$
p_{\text{LFM}}(\mathbf{z}_t^{[k]}|\mathbf{x}_t, \mathbf{m}) = \begin{pmatrix} z_{\text{hit}} \\ z_{\text{max}} \\ z_{\text{rand}} \end{pmatrix}^{\top} \cdot \begin{pmatrix} p_{\text{hit}}(\mathbf{z}_t^{[k]}|\mathbf{x}_t, \mathbf{m}) \\ p_{\text{max}}(\mathbf{z}_t^{[k]}|\mathbf{x}_t, \mathbf{m}) \\ p_{\text{rand}}(\mathbf{z}_t^{[k]}|\mathbf{x}_t, \mathbf{m}) \end{pmatrix}
\tag{4.18}
$$

式 (4.18) の $p_{\text{hit}}(\cdot)$ は，式 (4.17) であり，式 (4.15) の p_{hit} と異なることに注意してください。また式 (4.18) は，式 (4.15) と異なり p_{short} が消えていることにも注意してください。

　尤度場モデルのおもな計算は，式 (4.16) に示したビーム端点を求めるための座標変換です。これは，ビームモデルの計算のために必要であったレイキャスティングの計算コストに比べれば，きわめて低コストで実行することができます。また，$\hat{d}_t^{[k]}$ は自己位置 $\mathbf{x}_t$ の変化に対して敏

感に変化することがありますが，ビームの端点の位置はこの変化に対してほとんど影響を受けないため，尤度場モデルにより計算される尤度分布は滑らかなものとなります。これらのことから，尤度場モデルがビームモデルの有する問題点を解決できていることがわかります。

一方で，尤度場モデルにも問題点は存在します。式 (4.18) からもわかるように，尤度場モデルは一切の環境変化を考慮していません。そのため，歩行者を計測してしまうといった環境変化に関する事象は，すべて $p_{\mathrm{rand}}(\cdot)$ として扱う必要があります。そうすると，環境変化の割合が大きい環境で動作させるためには，z_{rand} を大きくする必要があるのですが，必要以上にランダムな計測の存在を仮定することは，モデル化の観点から見て，当然，妥当ではありません。

4.3.4　その他の観測モデル

上述のビームモデル，尤度場モデルの他にも，さまざまなモデルを観測モデルとして利用することもできます。興味深いものとしては，相関ベースの観測モデルがあります。例えばマップマッチング（map matching）が知られていますが，これはセンサ観測値 $\mathbf{z}_t$ からローカル地図 $\mathbf{m}_{\mathrm{local}}$ を作成し，そのローカル地図をグローバル地図 $\mathbf{m}$ と照合するというものです。代表的な方法として，正規化相互相関（normalized cross correlation）を用いた照合法があります。これは，比較したものの類似度 $\rho_{\mathbf{m},\mathbf{m}_{\mathrm{local}}}$ を $-1\sim1$ で表現し，1 に近いほど比較した対象が類似しているということを意味します。しかし確率（確率密度）が，負の値となることはありません。そこで式 (4.19) のようにして，強引に負の値を除きます。

$$p(\mathbf{m}_{\mathrm{local}}|\mathbf{x}_t,\mathbf{m}) = \max\{\rho_{\mathbf{m},\mathbf{m}_{\mathrm{local}}},0\} \tag{4.19}$$

尤度場モデルもそうですが，このように，物理的な事象を列挙したものでなくとも，最終的に確率としての制約を満たすのならば，それを観測モデルとして利用することも可能です。つまり，さまざまな観測モデルを考案していくことで，自己位置推定の頑健性を向上させていくことは，十分可能といえます。

しかし本書では，このような観測モデルに対する工夫に関して，これ以上解説しません。6 章で解説する手法は，確かに観測モデルが有する課題を解決するのですが，ここでは，観測モデル自体に工夫をしているわけではありません。自己位置推定という問題を拡張した結果，自然と，観測モデルの改良に寄与する項が導出され，これが問題解決へとつながっているためです。実際，その手法の中では，尤度場モデルと指数分布だけが利用されています。

4.3.5　自己位置推定はなぜ環境変化に対する頑健性を保てないのか

地図を構築したときと比べて環境が変わると，自己位置推定の精度が低下するというのはよくいわれています。これは，地図にない物体からの観測値が，誤って地図と照合されてしまう

ような誤対応によって起こります[†1]。せっかくなので，上述した観測モデルを基に，その理由をもう少し解説します。

式 (4.15) に示したビームモデルを見てみると，地図上の障害物が除去され，その奥から観測値が得られるような事象を考慮していないことがわかります。そのため，このような状況には対処できないということがわかります[†2]。さらに，式 (4.18) に示した尤度場モデルを見てみると，環境の動的変化を考慮していないことがわかるため，そもそも動的に変化する環境で機能しないことがわかります。ただし実際には，ランダムな観測が得られることを考慮しているため，少しでも環境が変化しただけでまったく機能しないということはありません。しかしながら，人に囲まれるなどして，明らかに規則的な観測値へのノイズが加えられる状況になると，ランダムな観測値というモデル化と乖離し，尤度計算がうまく行われなくなってしまいます。

また，さらに難しいのは，式 (4.15) と式 (4.18) に示したように，それぞれの確率分布が含まれる割合を定めなければならないということです。例えば，式 (4.15) のビームモデルでは，動的障害物を観測することによって，実際の観測値が，地図上から予想される観測値より短くなる現象が発生する割合 z_{short} を定めなければなりません。これはつまり，環境にどれほどの動的な障害物が存在して，何割の観測値が遮蔽されるかを事前に予測しなければならないということです。当然ですが，このような情報はロボット側からの情報からだけでは取得することができません。

幸いにも，この割合の設定がおかしいと，必ず自己位置推定に失敗するというものではありません。ただし，この割合を事前に決めるということは，ある一定の環境を想定してしまうということなので，必ず実際の環境との間に少なからずの乖離が発生します。つまり，観測モデル構築にあたって想定した環境と，実際の環境の間には，必ず乖離が発生するということです。そのため，動的な環境で自己位置推定が絶対成功するということを保証するのは不可能になります。なお，どれだけの乖離が発生すると尤度計算が正しく行えなくなるかを定量的に示すことは困難ですが，このモデルと実環境の乖離が起こるということが，自己位置推定に失敗してしまう要因となっています。

4.4 ま　と　め

本章では，まず自己位置推定で利用されるグラフィカルモデルを示し，その定式化方法について解説しました。そして，自己位置推定が再帰的なベイズフィルタとして帰着されることを示しました。またその式の中には，動作モデル，観測モデルと呼ばれるモデルが含まれることや，それらの例を示しました。特に観測モデルの例として，ビームモデル，尤度場モデルと呼ば

[†1]　確率的自己位置推定では，誤った位置の尤度が高くなってしまうため自己位置推定に失敗すると述べたほうが正しいといえます。

[†2]　この問題に対処するために，Olufs らはエリアベース観測モデル[18]，Takeuchi らは自由空間観測モデル[19]を提案しています。

れるモデルの詳細を説明しました。尤度場モデルは，ビームモデルに含まれる問題点を解決することができるモデルですが，環境の動的変化をまったく考慮しないので，その点はまだ問題があります。また，物理的なモデルとは無関係のマップマッチングのような考え方を用いた方法であっても，最終的に確率の制約を満たすように修正できれば，観測モデルとして利用できることを解説しました。さらに補足として，なぜ環境が変化すると自己位置推定に失敗するのかという問いに対して，ビームモデル，尤度場モデルを参考にしながら，必ず実環境と乖離するパラメータがあり，その乖離の発生を防ぐことはほぼ不可能であるためと解説しました。次章では，本章で解説した自己位置推定法を，実際にパーティクルフィルタを用いて実装する方法について解説します。

5 モンテカルロ位置推定の実装

　本章では，パーティクルフィルタを用いた自己位置推定法であるモンテカルロ位置推定の実装方法を，C++による実装例を参考にしながら解説していきます。そして，ALSEdu に搭載されているシミュレーションを用いて，モンテカルロ位置推定により自己位置推定が行えることを確認します。また，2000年代までに提案されてきたモンテカルロ位置推定の拡張法に関しても，簡単に解説します。なお，これらの詳細は，文献 1) で確認できます。

5.1　モンテカルロ位置推定

　モンテカルロ位置推定（Monte Carlo localization：MCL，以下 MCL）とは，パーティクルフィルタを用いて，式 (4.6) に示した確率分布を求める方法です。端的に処理の内容を述べると，以下の四つのステップを繰り返し実行することになります。

① 動作モデルに従って，パーティクルを更新する

② 観測モデルに従って，パーティクルの尤度を計算する

③ パーティクルの尤度に従って，自己位置を推定する

④ 不要なパーティクルを消滅させ，有効なパーティクルを複製する（リサンプリング）

　本節では，パーティクルフィルタ，およびそれぞれのステップについての数式表現と，C++による実装例についてそれぞれ解説していきます。

5.1.1　パーティクルフィルタ

〔1〕 数 式 表 現　　パーティクルフィルタとは，パーティクル群 $\mathbf{s}_t = (\mathbf{s}_t^{[1]}, \mathbf{s}_t^{[2]}, \cdots, \mathbf{s}_t^{[M]})^\top$ と呼ばれるパーティクルの集合を用いて，求めたい確率分布を近似する方法です。ここで M はパーティクル数となります。各パーティクル $\mathbf{s}_t^{[i]}$ は求めたい状態と，重み $\omega_t^{[i]}$ を持ちます。自己位置推定問題においては，求めたい状態は自己位置 $\mathbf{x}_t^{[i]}$ となります。なお，各パーティクルの重みの総和は 1 になるという制約を満たします。これにより，以下のように自己位置に関する確率分布が近似できます。

$$p(\mathbf{x}_t) \simeq \sum_{i=1}^{M} \omega_t^{[i]} \delta(\mathbf{x}_t - \mathbf{x}_t^{[i]}) \tag{5.1}$$

ここで，$\delta(\cdot)$ はディラックのデルタ関数であり，$\mathbf{x}_t - \mathbf{x}_t^{[i]} = 0$ で 1，それ以外で 0 となる関数

です。つまり式 (5.1) は，状態空間にてパーティクルが存在する地点 $\mathbf{x}_t^{[i]}$ に，確率 $\omega_t^{[i]}$ となる分布を作ることで，$p(\mathbf{x}_t)$ を近似しているということを意味しています。なお，すべての重みが等しい場合，すなわち $\omega_t^{[i]} = 1/M$ の場合，以下のようにも記述できます。

$$p(\mathbf{x}_t) \simeq \frac{1}{M} \sum_{i=1}^{M} \delta(\mathbf{x}_t - \mathbf{x}_t^{[i]}) \tag{5.2}$$

本書では，すべての重みが等しいという条件の強調の意味も込めて，その場合には式 (5.2) のように記述します。

いま，何かしらの方法でパーティクルがばらまかれているとし，時刻 $t-1$ までのセンサデータが反映されているとします。また，パーティクルの重みが均等であるとします。このパーティクル群は，以下のように時刻 $t-1$ における自己位置に関する確率分布を近似します。

$$p(\mathbf{x}_{t-1}|\mathbf{u}_{1:t-1}, \mathbf{z}_{1:t-1}, \mathbf{m}) \simeq \frac{1}{M} \sum_{i=1}^{M} \delta(\mathbf{x}_{t-1} - \mathbf{x}_{t-1}^{[i]}) \tag{5.3}$$

式 (5.3) は，式 (4.6) 右辺の積分項の二つ目の分布を近似しているということも意味しています。当然ですが，$t=1$ であれば時間に関する添字は 0 となり，初期位置に関して適当な分布を定めたということになります。

〔2〕実装例　ALSEdu の include/Particle.h にて，パーティクルに関するクラス Particle を定義しています。Particle クラスでは，姿勢（自己位置）に関する変数 pose_ と，重みに関する変数 w_ が private として宣言されています。リスト 5.1 に，Particle クラスを示します。

リスト 5.1　Particle クラス（include/Particle.h）

```
1  #include <Pose.h>
2  // 略
3  class Particle {
4  private:
5      Pose pose_;
6      double w_;
7      // 略
8  }; // class Particle
```

姿勢に関するクラス Pose は，同様に include/Pose.h 内に定義されています。リスト 5.2 に，Pose クラスを示します。本書では 2 次元の自己位置推定問題を考えますので，Pose クラスは位置に関する変数 x_，y_ と，角度に関する変数 yaw_ を private 変数として含んでいます。

リスト 5.2　Pose クラス（include/Pose.h）

```
1  class Pose {
2  private:
3      double x_, y_, yaw_;
4      // 略
5  }; // class Pose
```

これを基に MCL を行うためのクラスが，include/MCL.h 内に定義されています。リスト

5.3 に MCL クラスを示します。MCL クラスでは以下のようなパラメータが宣言されています（各パラメータに関しては，それぞれ使用される箇所で解説していきます）。なお，18 行目の particles_ が，パーティクル群 s を表す変数となっています。

リスト **5.3** MCL クラス（include/MCL.h）

```
 1   class MCL {
 2   private:
 3       // マップに関するパラメータ
 4       std::string mapDir_;
 5       double mapResolution_;
 6       int mapWidth_, mapHeight_;
 7       std::vector<double> mapOrigin_;
 8       cv::Mat mapImg_;
 9
10       // 尤度場モデルを計算するための距離場
11       cv::Mat distField_;
12
13       // パーティクル数
14       int particleNum_;
15       // 最大尤度を持つパーティクルのインデックス
16       int maxLikelihoodParticleIdx_;
17       // パーティクル群
18       std::vector<Particle> particles_;
19       // MCL により推定された位置
20       Pose mclPose_;
21
22       // 観測モデルで計算された各パーティクルの尤度
23       std::vector<double> measurementLikelihoods_;
24
25       // ビームモデルを用いた棄却法を用いるかどうか
26       bool useScanRejection_;
27
28       // 各スキャン点が未知障害物である確率
29       // 動的障害物の棄却使用時，またはクラス条件付き観測モデル使用時のみ利用可能
30       std::vector<double> unknownScanProbs_;
31
32       // 動作モデルによりパーティクル群を更新させる際に使用されるパラメータ
33       double odomNoise1_, odomNoise2_, odomNoise3_, odomNoise4_;
34
35       // 観測モデルのタイプ
36       // 0: ビームモデル，1: 尤度場モデル，2: クラス条件付き観測モデル
37       int measurementModel_;
38       // 尤度計算の際に間引くスキャン数
39       int scanStep_;
40
41       // 観測モデルの線形結合のパラメータ
42       double zHit_, zShort_, zMax_, zRand_;
43       // 観測モデルのハイパーパラメータ
44       double beamSigma_, beamLambda_, lfmSigma_, unknownLambda_;
45
```

```
46        // パーティクル群の尤度の総和
47        double totalLikelihood_;
48        // パーティクル群の尤度の平均値
49        double averageLikelihood_;
50        // 有効サンプル数
51        double effectiveSampleSize_;
52        // リサンプリングのしきい値
53        double resampleThreshold_;
54        // 略
55 }; // class MCL
```

5.1.2 動作モデルによる更新

〔1〕 数式表現　　本書で想定するロボットはエンコーダを有しており，時刻 t における並進移動量 Δd_t と角度移動量 $\Delta\theta_t$ が計測できるとしています。この移動量を制御入力 $\mathbf{u}_t = (\Delta d_t, \Delta\theta_t)$ として用います†。この制御入力を基に，以下のように，パーティクルを更新させるための制御入力をサンプリングします。

$$\Delta d_t^{[i]} \sim \mathcal{N}(\Delta d_t, \alpha_1 \Delta d_t^2 + \alpha_2 \Delta\theta_t^2) \tag{5.4}$$

$$\Delta\theta_t^{[i]} \sim \mathcal{N}(\Delta\theta_t, \alpha_3 \Delta d_t^2 + \alpha_4 \Delta\theta_t^2) \tag{5.5}$$

ここで $\mathcal{N}(a, b^2)$ は，平均 a，分散 b^2 の正規分布であり，$\alpha_1 \sim \alpha_4$ は非負の任意パラメータです。式 (5.4)，式 (5.5) よりサンプリングされた制御入力を基に，式 (4.9) の運動方程式に基づいて，パーティクルの姿勢を更新して $\hat{\mathbf{x}}_t^{[i]}$ を得ます（^は予測値を表しています）。

$$\hat{\mathbf{x}}_t^{[i]} = \begin{pmatrix} \hat{x}_t^{[i]} \\ \hat{y}_t^{[i]} \\ \hat{\theta}_t^{[i]} \end{pmatrix} = \begin{pmatrix} x_{t-1}^{[i]} \\ y_{t-1}^{[i]} \\ \theta_{t-1}^{[i]} \end{pmatrix} + \begin{pmatrix} \Delta d_t^{[i]} \cos\theta_{t-1} \\ \Delta d_t^{[i]} \sin\theta_{t-1} \\ \Delta\theta_t^{[i]} \end{pmatrix} \tag{5.6}$$

式 (5.6) で姿勢の更新されたパーティクルは，式 (5.7) のように，$\mathbf{x}_{t-1}$ を $\hat{\mathbf{x}}_{t-1}^{[i]}$ と固定した動作モデルからパーティクルを生成していると解釈ができます。

$$\hat{\mathbf{x}}_t^{[i]} \sim p(\mathbf{x}_t | \hat{\mathbf{x}}_{t-1}^{[i]}, \mathbf{u}_t) \tag{5.7}$$

そして，姿勢の更新されたパーティクル群は，式 (5.8) に示すとおり，予測分布を近似したものとなっています。

$$\int p(\mathbf{x}_t | \mathbf{x}_{t-1}, \mathbf{u}_t) p(\mathbf{x}_{t-1} | \mathbf{u}_{1:t-1}, \mathbf{z}_{1:t-1}, \mathbf{m}) d\mathbf{x}_{t-1} \simeq \frac{1}{M} \sum_{i=1}^{M} \delta(\mathbf{x}_t - \hat{\mathbf{x}}_t^{[i]}) \tag{5.8}$$

もう少しだけ詳細を説明すると，つぎの $\mathbf{x}_{t-1}^{[i]}$ は $p(\mathbf{x}_{t-1} | \mathbf{u}_{1:t-1}, \mathbf{z}_{1:t-1}, \mathbf{m})$ からサンプリングされていると考えることができます。

---

†　計測された移動量を使っているため，$\mathbf{u}_t$ を制御入力と呼ぶのは正しくありませんが，自己位置推定の慣例上，このような場合でも制御入力という呼び方をしています。

$$\mathbf{x}_{t-1}^{[i]} \sim p(\mathbf{x}_{t-1}|\mathbf{u}_{1:t-1}, \mathbf{z}_{1:t-1}, \mathbf{m}) \tag{5.9}$$

そして式 (5.9) からサンプリングされた値が動作モデルに渡され，式 (5.7) に示したように，動作モデルがさらに $\hat{\mathbf{x}}_t^{[i]}$ をサンプリングしていると見ることができます。このようなサンプリングは**伝承サンプリング**（ancestral sampling）と呼ばれます。この場合，式 (5.8) に示した積分計算は不要になり，式 (5.10) のように記述できます。

$$p(\mathbf{x}_t|\mathbf{x}_{t-1}, \mathbf{u}_t)p(\mathbf{x}_{t-1}|\mathbf{u}_{1:t-1}, \mathbf{z}_{1:t-1}, \mathbf{m}) \simeq \frac{1}{M}\sum_{i=1}^{M}\delta(\mathbf{x}_t - \hat{\mathbf{x}}_t^{[i]}) \tag{5.10}$$

パーティクルフィルタを用いた自己位置推定の場合は伝承サンプリングを行っているとみなすことができるので，式 (5.10) のように記述しても問題ありません。ただし本書では，4.1 節で述べた定式化に従い，積分のある形での表現を行います。

〔**2**〕 **実　装　例**　　動作モデルによるパーティクルの更新の実装例を**リスト 5.4** に示します。1 行目にあるとおり，この関数は，`deltaDist` と `deltaYaw` を受け取りますが，これらが Δd_t と $\Delta\theta_t$ となります。そしてそれらの 2 乗を 2，3 行目で計算し，`randNormal` で乱数を発生させます。`randNormal` は，引数を分散とする平均 0 の正規乱数を発生させる関数です。つまり 5 行目と 7 行目の dd と dy が，式 (5.4) と式 (5.5) を表しています。また，6，8 行目に示す `odomNoise1_` から `odomNoise4_` が，式 (5.4)，式 (5.5) に示す $\alpha_1 \sim \alpha_4$ に対応します。最後に，式 (5.6) に従い，パーティクルの自己位置を更新します。

リスト **5.4**　動作モデルによるパーティクルの更新の実装例（include/MCL.h）

```
1    void updateParticles(double deltaDist, double deltaYaw) {
2        double dd2 = deltaDist * deltaDist;
3        double dy2 = deltaYaw * deltaYaw;
4        for (size_t i = 0; i < particles_.size(); i++) {
5            double dd = deltaDist + randNormal(
6                odomNoise1_ * dd2 + odomNoise2_ * dy2);
7            double dy = deltaYaw + randNormal(
8                odomNoise3_ * dd2 + odomNoise4_ * dy2);
9            double yaw = particles_[i].getYaw();
10           double x = particles_[i].getX() + dd * cos(yaw);
11           double y = particles_[i].getY() + dd * sin(yaw);
12           yaw += dy;
13           particles_[i].setPose(x, y, yaw);
14       }
15   }
```

5.1.3　観測モデルによる尤度の計算

〔**1**〕 **数　式　表　現**　　パーティクル群を動作モデルで更新した後，観測モデルを用いた尤度計算を行います。このときの尤度は，式 (4.3) を用いて以下のように計算されます。

$$\omega_t^{[i]} = p(\mathbf{z}_t|\hat{\mathbf{x}}_t, \mathbf{m}) \tag{5.11}$$

しかし式 (5.11) で計算された値だと，$\omega_t^{[i]}$ の総和が 1 となりません。そのため，以下のように正規化を行います。

$$\omega_t^{[i]} \leftarrow \frac{\omega_t^{[i]}}{\sum_{j=1}^{M} \omega_t^{[j]}} \tag{5.12}$$

式 (5.12) の計算を終えると，パーティクルの重みの計算が終わります†。この重み付けされたパーティクル群は，式 (5.13) のように事後分布を近似することとなります。

$$p(\mathbf{x}_t|\mathbf{u}_{1:t}, \mathbf{z}_{1:t}, \mathbf{m}) \simeq \sum_{i=1}^{M} \omega_t^{[i]} \delta(\mathbf{x}_t - \hat{\mathbf{x}}_t^{[i]}) \tag{5.13}$$

〔2〕実装例 観測モデルの計算の実装例を解説する前に，本書で扱う 2D LiDAR に関する Scan クラスについて解説します。Scan クラスは include/Scan.h 内で宣言されています。リスト 5.5 に Scan クラスを示します。なお，k 番目のスキャンの角度 $\varphi^{[k]}$ は，angleMin_ + k * angleIncrement_ で計算することができます。ここで angleIncrement_ はスキャン間の角度の解像度です。また，ranges_[k] が k 番目のスキャンデータの距離情報 $d^{[k]}$ となっています。図 5.1(a) に，その関係を図示します。

リスト 5.5 Scan クラス（include/Scan.h）

```
1  class Scan {
2  private:
3      // スキャンのパラメータ
4      double angleMin_, angleMax_, angleIncrement_;
5      double rangeMin_, rangeMax_;
6      // 距離データ
7      std::vector<double> ranges_;
8      // 距離データの数
9      int scanNum_;
10     // 略
11 }; // class Scan
```

Scan クラスを踏まえて，観測モデルによる尤度計算の実装例をリスト 5.6 に示します。1 行目の calculateMeasurementModel は scan を受け取り，使用する観測モデル（measurementModel_）に従って，尤度 likelihood を計算します。この値を用いて，尤度の総和 totalLikelihood_ と平均 averageLikelihood_，さらに最尤パーティクルの指数 maxLikelihoodParticleIdx_ も計算します。すべてのパーティクルの尤度計算を終えた後に，尤度の正規化，すなわち重みの計算を行います（これが式 (5.12) に相当しています）。この際，有効サンプル数も計算していますが，これについては 5.1.5 項で解説します。

---

† パーティクルフィルタでは「尤度」と「重み」という言葉が使われます。本書では，「観測モデルなどの尤度分布で計算された値を尤度」，「その総和が 1 になるように正規化された値を重み」として使い分けています。

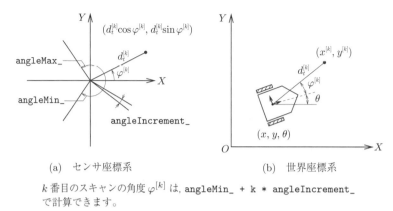

(a) センサ座標系   (b) 世界座標系

k 番目のスキャンの角度 $\varphi^{[k]}$ は，angleMin_ + k * angleIncrement_
で計算できます。

図 5.1　スキャンデータの取扱い

リスト 5.6　観測モデルによる尤度計算の実装例（include/MCL.h）

```
1    void calculateMeasurementModel(Scan scan) {
2        // 最大尤度となるパーティクルのインデックスも取得
3        totalLikelihood_ = 0.0;
4        double maxLikelihood = 0.0;
5        for (size_t i = 0; i < particles_.size(); i++) {
6            double likelihood = 0.0;
7            if (measurementModel_ == 0)
8                likelihood = calculateBeamModel(
9                    particles_[i].getPose(), scan);
10           else if (measurementModel_ == 1)
11               likelihood = calculateLikelihoodFieldModel(
12                   particles_[i].getPose(), scan);
13           else
14               likelihood = calculateClassConditionalMeasurementModel(
15                   particles_[i].getPose(), scan);
16           if (i == 0) {
17               maxLikelihood = likelihood;
18               maxLikelihoodParticleIdx_ = 0;
19           } else if (maxLikelihood < likelihood) {
20               maxLikelihood = likelihood;
21               maxLikelihoodParticleIdx_ = i;
22           }
23           measurementLikelihoods_[i] = likelihood;
24           totalLikelihood_ += likelihood;
25       }
26       averageLikelihood_ = totalLikelihood_ / (double)particles_.size();
27
28       // 略
29
30       // 尤度の正規化（重みの計算）と有効サンプル数の計算
31       double sum = 0.0;
32       for (size_t i = 0; i < particles_.size(); i++) {
33           double w = measurementLikelihoods_[i] / totalLikelihood_;
34           particles_[i].setW(w);
```

```
35            sum += w * w;
36        }
37        effectiveSampleSize_ = 1.0 / sum;
38    }
```

これだけだと，実際に観測モデルをどのように実装しているか不明なので，**リスト 5.7** に尤度場モデルによる観測モデルの実装例を示します。calculateLikelihoodFieldModel は，パーティクルの姿勢 pose と観測値である scan を受け取ります。そして，尤度計算に使用する観測値の分だけ繰返し計算を行います。この繰返し計算は scanStep_ だけ観測をスキップしますが，これは類似する観測を使いすぎないようにするための工夫です†。

リスト **5.7**　尤度場モデルによる観測モデルの実装例（include/MCL.h）

```
1    double calculateLikelihoodFieldModel(Pose pose, Scan scan) {
2        double var = lfmSigma_ * lfmSigma_;
3        double normConst = 1.0 / sqrt(2.0 * M_PI * var);
4        double pMax = 1.0 / mapResolution_;
5        double pRand = 1.0 / (scan.getRangeMax() / mapResolution_);
6        double w = 0.0;
7        for (size_t i = 0; i < scan.getScanNum(); i += scanStep_) {
8            double r = scan.getRange(i);
9            if (r < scan.getRangeMin() || scan.getRangeMax() < r) {
10                w += log(zMax_ * pMax + zRand_ * pRand);
11                continue;
12            }
13            double a = scan.getAngleMin()
14                + (double)i * scan.getAngleIncrement() + pose.getYaw();
15            double x = r * cos(a) + pose.getX();
16            double y = r * sin(a) + pose.getY();
17            int u, v;
18            xy2uv(x, y, &u, &v);
19            if (0 <= u && u < mapWidth_ && 0 <= v && v < mapHeight_) {
20                double d = (double)distField_.at<float>(v, u);
21                double pHit = normConst
22                    * exp(-(d * d) / (2.0 * var)) * mapResolution_;
23                double p = zHit_ * pHit + zRand_ * pRand;
24                if (p > 1.0)
25                    p = 1.0;
26                w += log(p);
27            } else {
28                w += log(zRand_ * pRand);
29            }
30        }
31        return exp(w);
32    }
```

8 行目の r には i 番目のスキャンの距離データが入ります。また，9 行目でこれが最小値（scan.getRangeMin()）より小さい，または最大値（scan.getRangeMax()）より大きい場合

---

†　この工夫は，観測の独立性の仮定を少しでも妥当にするために役立ちます。この詳細に関しては，8 章にて解説します。

は，計測値が最大となったとみなしています。そのため，観測値が最大になる場合とランダムに
なる場合のみを考慮します。距離データが有効な値の範囲に収まっていた場合には，式 (4.16)
に示した計算によりビームの端点を求めます。そして，20 行目でその端点に対応する距離場
`distField_`の値を取得し，尤度場モデルを計算します。この端点の関係も図 5.1(b) に図示し
ています。

　なお，式 (4.10) に示したように，観測の独立性を仮定することで観測モデルを因数分解する
ことができますが，プログラム上で積の演算を繰り返し行うと，値が正しく計算できないとき
があります（1 より小さい，または大きい値を何度も繰り返し掛けると，すぐに 0 に収束，ま
たは無限大に発散してしまい，プログラム上で正しく表現できない値になります）。そのため，
つぎのように式 (4.10) に対して自然対数を取り，総和の形に変形させています。

$$\log \left(\prod_{k=1}^{K} p(\mathbf{z}_t^{[k]}|\mathbf{x}_t, \mathbf{m}) \right) = \sum_{k=1}^{K} \log p(\mathbf{z}_t^{[k]}|\mathbf{x}_t, \mathbf{m}) \tag{5.14}$$

　自然対数を取った値は，指数関数を通すことで元の値に戻すことができるので，式 (5.14) か
らパーティクルの尤度は以下のように計算できます。

$$\omega_t = \exp \left(\sum_{k=1}^{K} \log p(\mathbf{z}_t^{[k]}|\mathbf{x}_t, \mathbf{m}) \right) \tag{5.15}$$

　上述の尤度場モデルの実装でも，式 (5.14)，式 (5.15) に示す計算方法で尤度の計算を行って
います。10，26，28 行目の計算が式 (5.14)，31 行目の計算が式 (5.15) に示す計算をそれぞれ
表しています。

　また，今回の尤度場モデルの実装では，観測可能な範囲を地図と同じ解像度`mapResolution_`
で分割しています。そのため，例えば 21，22 行目で pHit を計算する際には，正規分布を計算
した値（確率密度）に `mapResolution_` を掛けています。これにより値が確率値となるので，
確率の最大値である 1 を超えないような確認の処理が入っています（正規分布の分散の値が小
さいと，1 より大きくなる場合が発生し得ます）。

5.1.4　自己位置の推定
〔1〕 数 式 表 現　　重みの計算が終わり，式 (5.13) のように事後分布の近似ができました
が，これだと分布が推定できただけなので，実際にロボットを制御しようとした場合などには
役立ちません。そこで，この分布の期待値を取ることで自己位置の推定値とします。この期待
値は，パーティクルの重み付き平均を計算することで，取得することができます。

$$E[\mathbf{x}_t|\mathbf{u}_{1:t}, \mathbf{z}_{1:t}, \mathbf{m}] \simeq \sum_{i=1}^{M} \omega_t^{[i]} \hat{\mathbf{x}}_t^{[i]} \tag{5.16}$$

　まれに，最大尤度（もしくは重み）を持つパーティクルの状態をそのまま推定値とするとい
うようなものも見られますが，これは**最大事後確率**（maximum a posterior）に近いものと解

釈されます。最大事後確率とは，事後確率が取る最大の確率の値です†。式 (5.13) のとおり，重み付けされたパーティクル群は事後分布を近似しています。この事後分布を近似したパーティクル群から最も重みの大きいものを取り出すということは，最大事後確率となる状態を取り出している操作に近いのです。もちろん，パーティクル群は事後分布を近似したものでしかないので，取り出した状態が厳密に最大事後確率となる状態であるという保証はありません。

さらにいえば，パーティクルフィルタにおいては，尤度は尤度分布のみを用いて決定されます。そのため，尤度最大のパーティクルの状態は**最尤**（maximum likelihood）な状態に近いものとも考えられます（もちろんこれも，厳密に最尤状態であるという保証はありません）。なお，ICP スキャンマッチングや NDT スキャンマッチングのような最適化アプローチが出力する自己位置は，観測モデルに相当するコスト関数を最大化することで自己位置を求めるので，最尤状態を推定しているとも解釈できます。そのため，式 (5.16) に示したように，期待値を推定値としないと，パーティクルフィルタを用いている利点が失われてしまいます。

〔**2**〕 **実 装 例**　重み付けされたパーティクル群から，自己位置の推定値，すなわち期待値を計算する方法の実装例を**リスト 5.8** に示します。1 行目の estimatePose は，パーティクルの重み付き平均を計算しているだけです。しかし角度に関しては，範囲が $-\pi \sim \pi$ に収まらなければならないという制約から，少し計算方法が複雑です。ある任意の角度（リスト 5.8 の実装例では tmpYaw）を基準として，そこから各パーティクルの角度がどれだけずれているかのずれ量の重み付き平均を計算します。そして最後に，基準角度からその重み付き平均分の差を計算し，角度の推定値としています。

リスト **5.8**　自己位置の推定値を計算する方法の実装例（include/MCL.h）

```
void estimatePose(void) {
    double tmpYaw = mclPose_.getYaw();
    double x = 0.0, y = 0.0, yaw = 0.0;
    for (size_t i = 0; i < particles_.size(); i++) {
        double w = particles_[i].getW();
        x += particles_[i].getX() * w;
        y += particles_[i].getY() * w;
        double dyaw = tmpYaw - particles_[i].getYaw();
        while (dyaw < -M_PI)
            dyaw += 2.0 * M_PI;
        while (dyaw > M_PI)
            dyaw -= 2.0 * M_PI;
        yaw += dyaw * w;
    }
    yaw = tmpYaw - yaw;
    mclPose_.setPose(x, y, yaw);
}
```

---

†　最大事後確率となる解を MAP 解と呼ぶことがあります。

5.1.5 リサンプリング

〔1〕 数式表現　リサンプリングでは，重みに合わせたパーティクルの削除・複製が行われます。この実現のためにさまざまな方法が考えられますが，本書では以下のような方法を取ります。

まず，つぎの値を計算します。

$$b^{[i]} = \sum_{j=1}^{i} \omega_t^{[j]} \qquad (1 \le i \le M) \tag{5.17}$$

式 (5.17) において，$b^{[i]}$ は i 番目までのパーティクルの重みの和になっています。すなわち，$b^{[M]}$ はパーティクルの重みの総和になりますので，1 となります。つぎに，0〜1 の間の乱数 $r^{[i]}$ を M 回発生させます。そして，式 (5.18) の条件を満たす最小の j を探し，i 番目のパーティクルの状態を上書きします。

$$r^{[i]} \le b^{[j]} \tag{5.18}$$

$$\mathbf{x}_t^{[i]} \leftarrow \hat{\mathbf{x}}_t^{[j]} \tag{5.19}$$

式 (5.19) に示すパーティクルの状態の書き換えが行われた際に，重みも $\omega_t^{[i]} = 1/M$ として上書きします。

この方式によるリサンプリングの概略図を図 5.2 に示します。横軸がパーティクルの番号 m，縦軸が b となっています。この場合だと，10 個のパーティクルが存在し，5 番目のパーティクルの重みが大きい状況を意味しています。いま，ランダムに発生させた $r^{[i]}$ が，$b^{[4]}$ より大きく $b^{[5]}$ 以下だったとします。この場合 i 番目のパーティクルは 5 番目のパーティクルの状態を引き継ぐことになります。図からも明らかなように，この方式だと重みの大きいパーティクルがより複製されるようになります。

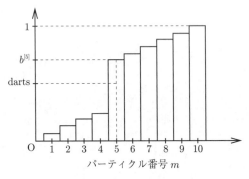

図 5.2 リサンプリングの概略図

当然ではありますが，リサンプリングされたパーティクル群もつぎのように事後分布を近似します。

$$p(\mathbf{x}_t|\mathbf{u}_{1:t}, \mathbf{z}_{1:t}, \mathbf{m}) \simeq \frac{1}{M} \sum_{i=1}^{M} \delta(\mathbf{x}_t - \mathbf{x}_t^{[i]}) \tag{5.20}$$

　ただし，式 (5.13) に示したような近似とは少し異なりますので，注意してください。式 (5.20) と式 (5.3) を比べると，$t-1$ が t になっているということがわかります。つまり，4 ステップを通過することで，再帰式が更新されていることとなります。

　リサンプリングに関する注意事項として，過度なリサンプリングは誤収束（誤った位置にパーティクル群が収束すること）を引き起こすということがあります。上述のような乱数に基づくリサンプリングを何度も行えば，最終的にパーティクル群が 1 種類の状態しか持たないという状況も容易に起こり得ます。これは，不確かさを扱うことを前提とした確率論的には好ましくない推定結果であり，また推定が不安定になる要因ともなります。そこで，パーティクル群の状況を見て，リサンプリングを実行するかどうかを決定する必要が出てきます。このためには，式 (5.21) に示す**有効サンプル数**（effective sample size）を用いることが有効です。

$$M_{\mathrm{ESS}} = \frac{1}{\sum_{i=1}^{M}(\omega_t^{[i]})^2} \tag{5.21}$$

　有効サンプル数とは，パーティクル群の重みの偏りを見て見積もった，有効なパーティクル数です。もし，有効サンプル数が一定以下（例えば $M_{\mathrm{ESS}} < M/2$）となった場合にのみ，リサンプリングを実行するなどすると，過度なリサンプリングの実行を抑えることができます。なお，このようなリサンプリングの抑制は，パーティクルフィルタを用いた SLAM[20] においても見ることができ，性能向上に寄与することが知られています。

　〔**2**〕**実 装 例**　リサンプリングの実装例を**リスト 5.9** に示します。8 行目の `wBuffer` が式 (5.17) のパーティクルの重みの和を表しており，`darts` が 0〜1 の乱数 $r^{[i]}$ を表しています。つまり `darts` が `wBuffer[j]` 以下になる条件が，式 (5.18) の条件に対応しています。なお，この条件は 18 行目に記述されています。

リスト **5.9**　リサンプリングの実装例（include/MCL.h）

```
 1    void resampleParticles(void) {
 2        // 有効サンプル数がしきい値以上の場合はリサンプリングしない
 3        double threshold = (double)particles_.size() * resampleThreshold_;
 4        if (effectiveSampleSize_ > threshold)
 5            return;
 6
 7        // パーティクルの重みの和を格納する
 8        std::vector<double> wBuffer((int)particles_.size());
 9        wBuffer[0] = particles_[0].getW();
10        for (size_t i = 1; i < particles_.size(); i++)
11            wBuffer[i] = particles_[i].getW() + wBuffer[i - 1];
12
13        std::vector<Particle> tmpParticles = particles_;
14        double wo = 1.0 / (double)particles_.size();
15        for (size_t i = 0; i < particles_.size(); i++) {
16            double darts = (double)rand() / ((double)RAND_MAX + 1.0);
17            for (size_t j = 0; j < particles_.size(); j++) {
18                if (darts < wBuffer[j]) {
19                    particles_[i].setPose(tmpParticles[j].getPose());
```

```
20                      particles_[i].setW(wo);
21                      break;
22                  }
23              }
24          }
25      }
```

5.2　モンテカルロ位置推定の実行

5.2.1　実　　装　　例

5.1 節で解説した MCL の実装例をリスト **5.10** に示します。これは ALSEdu の src/MCL.
cpp になります。リスト 2.1 で解説した RobotSim.cpp に対して，リスト 5.3 に示した MCL
クラスを追加したものとなっています。

リスト **5.10**　MCL の実装例（src/MCL.cpp）

```
1   #include <stdio.h>
2   #include <stdlib.h>
3   #include <unistd.h>
4   #include <iostream>
5   #include <RobotSim.h>
6   #include <MCL.h>
7
8   int main(int argc, char **argv) {
9       // 略
10
11      // パーティクル数
12      int particleNum = 100;
13      // 初期のパーティクル群の分布
14      als::Pose initialNoise(0.5, 0.5, 3.0 * M_PI / 180.0);
15      // MCL 用のクラス
16      als::MCL mcl(argv[1], particleNum);
17      // MCL の初期位置を設定
18      mcl.setMCLPose(robotSim.getGTRobotPose());
19      // パーティクルを設定された位置の辺りにばらまく
20      mcl.resetParticlesDistribution(initialNoise);
21
22      // 使用する観測モデルの設定
23      // mcl.useBeamModel();
24      mcl.useLikelihoodFieldModel();
25      // mcl.useClassConditionalMeasurementModel();
26
27      double usleepTime = (1.0 / simulationHz) * 10e5;
28      while (!robotSim.getKillFlag()) {
29          int key = cv::waitKey(200);
30          robotSim.keyboardOperation(key);
31          robotSim.updateSimulation();
```

```
32          robotSim.writeRobotTrajectory();
33          robotSim.writeOdometryTrajectory();
34          robotSim.plotSimulationWorld(plotRange, plotOdomPose, plotGTScan);
35
36          // 並進・角速度とスキャンデータをシミュレータから取得
37          double linearVel, angularVel;
38          robotSim.getVelocities(&linearVel, &angularVel);
39          als::Scan scan = robotSim.getScan();
40
41          // 速度を移動量に変換（MCL で simulationHz を使用しないため）
42          double deltaDist = linearVel * (1.0 / simulationHz);
43          double deltaYaw = angularVel * (1.0 / simulationHz);
44
45          // MCL の実行
46          // 移動量に基づくパーティクル群の更新
47          mcl.updateParticles(deltaDist, deltaYaw);
48          // 観測モデルによる尤度計算
49          mcl.calculateMeasurementModel(scan);
50          // ロボット位置の推定
51          mcl.estimatePose();
52          // パーティクル群のリサンプリング
53          mcl.resampleParticles();
54          // MCL により推定された値を端末に表示
55          mcl.printMCLPose();
56          // MCL 中に推定されたパラメータを端末に表示
57          mcl.printEvaluationParameters();
58          // MCL による推定位置をファイルに記録
59          mcl.writeMCLTrajectory();
60          // gnuplot で MCL の結果を表示
61          mcl.plotMCLWorld(plotRange, scan);
62
63          usleep(usleepTime);
64      }
65      return 0;
66  }
```

5.2.2　実行と位置推定の結果

ALSEdu の build 内に入り，以下のコマンドを実行します（プログラムのコンパイルを実行していない場合は，2.1.2 項を参考にコンパイルを実行してください）。

```
$ ./MCL ../maps/nic1f/
```

実行すると，図 5.3 に示すように二つの画面が表示されます。図 (a) は，図 2.2 と同じものであり，ロボットの位置やセンサデータをシミュレーションしている画面です。図 (b) が，MCLの実行結果になっています。MCL は地図が格納されているディレクトリ内（上の実行例だとnic1f）の mcl_map.pgm を読み込みます。シミュレーション用の地図に存在していますが，MCL 用の地図に存在していない障害物があることが確認できます。これが環境の変化を表しています。

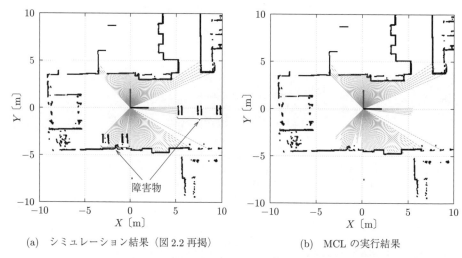

(a)　シミュレーション結果（図 2.2 再掲）　　　　(b)　MCL の実行結果

図 5.3　MCL の実行画面

　図 5.4 に，実際にロボットを動かして，MCL による自己位置推定を行った結果を示します。真値と MCL による推定結果が重なっており，正しくロボットの位置を推定できていることがわかります。図 5.4 には，自己位置の修正を行わなかった際の推定結果，すなわちオドメトリによる推定結果も示しています。ロボットは真値の軌跡をたどっているのですが，オドメトリによる推定結果は大きくそれてしまっています。このような場合，MCL を用いることで推定誤差を修正し，正しく真値を推定することができるようになります。

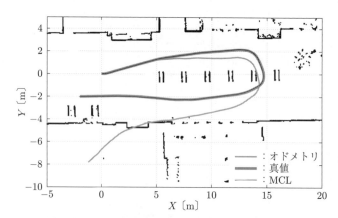

オドメトリによる推定軌跡は，真値からそれていっていますが，真値と MCL による推定軌跡が重なっており，MCL により正しく真値が推定できていることが確認できます。

図 5.4　MCL による自己位置推定の結果

5.3　モンテカルロ位置推定の拡張

　本章で解説した MCL は「最も一般的なもの」といえます。この一般的な MCL には，多く
の問題が存在します。これらに対しては，すでにさまざまな方法が提案され，MCL は多様に拡
張されました。本節では，これらの拡張方法が何を行っているかを簡単に解説していきますが，
詳細は文献 1)，または文献 2)，および以下でそれぞれ引用している文献に譲ります。なお，こ
れらの拡張は，図 4.1 に示したグラフィカルモデルに従う実装と変わりませんので，本書がメ
インに扱っている拡張とは異なることに注意してください。

5.3.1　適応的なパーティクル数の決定

　MCL を行ううえで，多くの方が最初に気になることは，「適切なパーティクル数がいくつか」
ということかと思います。本書で解説している実装方法では，パーティクル数はつねに一定と
しています。パーティクル数が一定であれば，計算時間も一定になるので，どの程度の計算コ
ストが必要か見積もりやすくなりますが，パーティクル数を状況に応じて適応的に決定する
ことができれば，よりよい利点を得ることができます。例えば，初期位置がわからずにパーティ
クル群が発散してしまっている場合には，パーティクル数を多くすることで自己位置推定に成
功する速さを向上させることができます。また，もし自己位置推定に成功してパーティクル群
が完全に収束した場合には，パーティクル数を削減することで計算コストを下げることができ
ます。このように，推定の状況に合わせてパーティクル数を適応的に変化させることを可能と
した MCL を，**adaptive MCL** と呼びます[21]†1。

　adaptive MCL では，**カルバック・ライブラー・ダイバージェンス**（Kullback-Leibler diver-
gence）と呼ばれる確率分布間の差異を計る尺度を用いて，パーティクル群が真の事後分布をど
れだけ近似しているかということを考え，パーティクル数を決定します。しかし当然ですが，真
の事後分布はわからないので，正確にこの尺度は測れません。そのため，実際には，「パーティ
クル群が表現する真の事後分布の近似誤差が ϵ 未満になる確率が $1 - \delta$ になるようにパーティ
クル数を決定する」というのがより正しい説明となりますが，ここではこの詳細については触
れません。あくまで，adaptive MCL という手法が存在するという解説までに留めます。

5.3.2　誤収束の認識と復帰

　MCL を実装して実験をしていると，自己位置推定に失敗してしまう，つまりパーティクル群
が真値でない地点に誤収束する状態をよく見ることかと思います†2。この状態は，ロボットが

---

†1　ROS（Robot Operating System）に実装されている MCL は amcl と呼ばれていますが，これは adaptive
　　MCL の略称です。
†2　動作モデルが仮定していないような動き，すなわちスリップや障害物との衝突，または急に人が動かすな
　　どした場合には，容易にこの状態を作ることができます。

真値から「誘拐」されてしまった状態ともいえ，その状態から正しい自己位置に復帰させるための問題は，**誘拐ロボット問題**（kidnapped robot problem）と呼ばれます。

　誘拐ロボット問題を解くためには，まず誤収束が起きているかどうかを認識する必要があります。そして，誤収束が起きていると認識された場合には，その状態から復帰するために，適切なパーティクルをどの程度サンプリングするかを決める必要があります。この，誤収束が起きているかの認識と，復帰のために必要なパーティクル数を決める方法を備えた MCL を **augmented MCL** と呼びます[22)†1]。

　augmented MCL では，尤度の履歴を監視することで，誤収束が起きているかどうか，またどの程度のパーティクルを新たに生成するべきかを決定します。ここで注意しなければならないのは，augmented MCL は，どのようにパーティクルを生成するべきかを決定する方法までを備えていないということです。これに対しては，**センサリセット**（sensor resetting）[23)] や **膨張リセット**（expansion resetting）[24),25)] と呼ばれる方法が提案されています。そして，このような予測分布以外の分布を用いてパーティクルをサンプリングし，MCL と融合する方法を **mixture MCL**[26)] と呼びます[†2]。センサリセット，膨張リセット，および mixture MCL に関しては，9章で解説する手法と類似しますので，そこでまた詳細を解説します。なお，7章以降で解説している方法は，同様に誤収束の認識と復帰ということに焦点を当てていますが，ここで紹介した拡張方法とは異なる方法で，これらを実現しています。

5.3.3　動的障害物を観測している観測値の棄却

　実環境で MCL を実行する際には，環境の動的変化が問題となります。多少の変化であれば，ビームモデルや尤度場モデルが想定する環境変化で対応することも可能ですが，大きく変化する場合，例えば歩行者などにロボットが囲まれてしまっている状態のように，動的障害物を観測している可能性の高い観測値は，尤度計算に使われるべきではありません。この，「動的障害物を観測している可能性の高さ」というのは，ビームモデルを活用することで計算でき，そのような取組みは文献 27) にも見られます。この手法を端的に述べれば，ビームモデルが出力する確率と，未知障害物を観測する確率（すなわち式 (4.12) の出力）を比較し，明らかに未知障害物を観測しているといえる観測値を棄却する方法です。ただしこの手法は，ある程度パーティクル群が収束していることが前提となります。

　6章で解説する手法は，このような動的障害物の自己位置推定への影響を低減させることを目的としており，上記の方法と同様に，動的障害物を観測している可能性の高い観測値を棄却することができます。ただし，これも上記の方法とは異なる方法で実現されます。

[†1]　ROS に実装されている amcl は，adaptive MCL と上述しましたが，そこには augmented MCL の機能も実装されていますので，この略称としても問題ないと思われますが，公式では adaptive MCL の略称となっています。

[†2]　文献 23)〜25) で用いられている自己位置推定法も mixture MCL といえますが，文献 26) で述べられている方法のほうが，正しくパーティクルの尤度計算を行っているといえます。

5.4 ま と め

　本章では，MCL の実装方法を数式で表記しながら解説しました。また，実際に C++ による実装例を参考にしながら，それぞれの実装方法を解説しました。単純なシミュレーション実験を通して，MCL によりオドメトリの累積誤差を修正して，自己位置推定が正しく行えることを確認しました。さらに，2000 年代までに提案されてきた MCL の拡張方法に関しても，簡単に概略を解説しました。次章以降で，MCL が抱える問題，およびその解決方法として著者が提案してきた方法を解説していきますが，これらは本章で解説した拡張法とは異なる方法となっています。

　MCL は，さまざまなセンサを用いた自己位置推定へ応用することも可能です。例えば著者は，地磁気を用いた自己位置推定に関する研究を行っていましたが，その中でも MCL を用いています[28]。同様の研究は，Haverinen らや Frassl らによっても報告されています[29],[30]。このように，使用するセンサが変更された場合には，本章で解説した方法を基本として，使用するセンサに合わせて観測モデルを変更することで対処できます。もし，何か新しいセンサを用いて自己位置推定を行う必要性が出た際にも，本章で解説した一連の実装方法を参考にすることで，その実現のヒントが得られるはずです。

6 自己位置と観測物体の クラスの同時推定

　本章では，自己位置と観測物体のクラスを同時推定する方法について解説します[10)~12)]。この方法を定式化するにあたり，クラス条件付き観測モデルが導出されることを示します。また，クラス条件付き観測モデルを用いることで，環境の動的な変化を適切に，かつ効率的に考慮できるようになることを示し，環境変化に対して頑健に自己位置推定が実現できることを示します。そして，4 章で述べたビームモデル，尤度場モデルが抱える問題が解決できることも示します。最後に，より汎用的なクラスを用いた手法への拡張方法[31)]，および関連研究についてまとめます。

6.1　グラフィカルモデルと定式化

6.1.1　グラフィカルモデル

　本章で考えるグラフィカルモデルを図 **6.1** に示します。図 4.1 に示した通常の自己位置推定のグラフィカルモデルと比較して，センサ観測値のクラス $\mathbf{c}_t$ が，センサ観測値 $\mathbf{z}_t$ に対する未知の親ノードとして追加されている部分が異なります。センサ観測値のクラスとは，センサが観測している物体が何かを表す属性となります。ここで，$\mathbf{c}_t = (c_t^{[1]}, c_t^{[2]}, \cdots, c_t^{[K]})^\top$ であり，$c_t^{[k]} \in \mathcal{C}$ は k 番目のセンサ観測値 $\mathbf{z}_t^{[k]}$ に対応するクラス，$\mathcal{C}$ はクラスのリストになります。

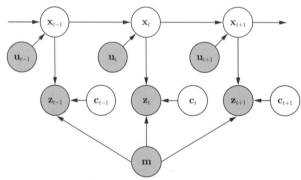

図 4.1 に示したモデルと比較して，センサ観測値のクラス $\mathbf{c}_t$ が新たに未知変数として追加されています。

図 **6.1**　本章で述べる手法で利用されるグラフィカルモデル

6.1.2 定　式　化

本章で解説する手法の目的は，自己位置 $\mathbf{x}_t$ とセンサ観測値のクラス $\mathbf{c}_t$ の同時分布を求めることです。

$$p(\mathbf{x}_t, \mathbf{c}_t | \mathbf{u}_{1:t}, \mathbf{z}_{1:t}, \mathbf{m}) \tag{6.1}$$

式 (6.1) に対して，まず乗法定理を用いて因数分解を行います。

$$p(\mathbf{x}_t, \mathbf{c}_t | \mathbf{u}_{1:t}, \mathbf{z}_{1:t}, \mathbf{m}) = p(\mathbf{x}_t | \mathbf{u}_{1:t}, \mathbf{z}_{1:t}, \mathbf{m}) p(\mathbf{c}_t | \mathbf{x}_t, \mathbf{u}_{1:t}, \mathbf{z}_{1:t}, \mathbf{m}) \tag{6.2}$$

式 (6.2) 右辺において，一つ目の分布が自己位置に関する分布，二つ目の分布がセンサ観測値のクラスに関する分布となります。

まず式 (6.2) 右辺一つ目の分布に着目します。この式は，式 (4.1) と同じであることがわかります。そのためこの分布は，式 (4.6) のように展開することができます。一方で，今回のモデルでは，センサ観測値 $\mathbf{z}_t$ の親ノードに，センサ観測値のクラス $\mathbf{c}_t$ が未知変数として導入されています。そのため全確率の定理を適用でき，式 (4.6) は以下のように変形できます。

$$
\begin{aligned}
&p(\mathbf{x}_t | \mathbf{u}_{1:t}, \mathbf{z}_{1:t}, \mathbf{m}) \\
&= \sum_{\mathbf{c}_t \in \mathcal{C}} \underbrace{p(\mathbf{z}_t | \mathbf{x}_t, \mathbf{c}_t, \mathbf{m}) p(\mathbf{c}_t)}_{\text{尤度分布}} \underbrace{\int p(\mathbf{x}_t | \mathbf{x}_{t-1}, \mathbf{u}_t) p(\mathbf{x}_{t-1} | \mathbf{u}_{1:t-1}, \mathbf{z}_{1:t-1}, \mathbf{m}) d\mathbf{x}_{t-1}}_{\text{予測分布}}
\end{aligned}
\tag{6.3}
$$

式 (4.6) では，尤度分布は観測モデル $p(\mathbf{z}_t | \mathbf{x}_t, \mathbf{m})$ となっていましたが，その部分が変わった形となっています。

式 (6.3) において，尤度分布内に存在する $p(\mathbf{z}_t | \mathbf{x}_t, \mathbf{c}_t, \mathbf{m})$ は，観測モデル $p(\mathbf{z}_t | \mathbf{x}_t, \mathbf{m})$ に加えて，センサ観測値のクラス $\mathbf{c}_t$ が条件として入ったモデルであることがわかります。そのためこれを**クラス条件付き観測モデル**（class conditional measurement model：CCMM）と呼ぶこととします。後に解説しますが，センサ観測値のクラスが条件として存在することで，観測モデルを考える際にメリットを得ることができるようになります。

つぎに，式 (6.2) 右辺二つ目の分布に着目します。まず $\mathbf{c}_t$ と $\mathbf{z}_t$ の関係に着目すると，ベイズの定理が適用できることがわかります。

$$p(\mathbf{c}_t | \mathbf{x}_t, \mathbf{u}_{1:t}, \mathbf{z}_{1:t}, \mathbf{m}) = \eta p(\mathbf{z}_t | \mathbf{x}_t, \mathbf{c}_t, \mathbf{u}_{1:t}, \mathbf{z}_{1:t-1}, \mathbf{m}) p(\mathbf{c}_t | \mathbf{x}_t, \mathbf{u}_{1:t}, \mathbf{z}_{1:t-1}, \mathbf{m}) \tag{6.4}$$

ここで，分母を省略して正規化係数 η で記述していることに注意してください。式 (6.4) 右辺一つ目の分布に着目し，図 3.2 に示した有向分離のルールを確認しながら，不要な条件変数を削除することで，式 (6.5) を得ます。

$$p(\mathbf{z}_t|\mathbf{x}_t, \mathbf{c}_t, \mathbf{u}_{1:t}, \mathbf{z}_{1:t-1}, \mathbf{m}) = p(\mathbf{z}_t|\mathbf{x}_t, \mathbf{c}_t, \mathbf{m}) \tag{6.5}$$

さらに，式 (6.4) 右辺二つ目の分布に着目し，同様に有向分離を適用すると，$\mathbf{z}_t$ が条件として存在しないため，$\mathbf{c}_t$ は完全に独立した変数であることがわかります．

$$p(\mathbf{c}_t|\mathbf{x}_t, \mathbf{u}_{1:t}, \mathbf{z}_{1:t-1}, \mathbf{m}) = p(\mathbf{c}_t) \tag{6.6}$$

最終的に式 (6.5)，式 (6.6) から，式 (6.2) 右辺二つ目の分布は，以下のように展開されます．

$$p(\mathbf{c}_t|\mathbf{x}_t, \mathbf{u}_{1:t}, \mathbf{z}_{1:t}, \mathbf{m}) = p(\mathbf{z}_t|\mathbf{x}_t, \mathbf{c}_t, \mathbf{m})p(\mathbf{c}_t) \tag{6.7}$$

式 (6.7) より，センサ観測値のクラスに対する事後分布は，まず，その事前分布を何かしらの方法で定め，つぎにクラス条件付き観測モデルによって計算した尤度を用いて，事前確率を更新することにより，求められることがわかります．

以上より，最終的に式 (6.1) は以下のように変形されます．

$$
p(\mathbf{x}_t, \mathbf{c}_t|\mathbf{u}_{1:t}, \mathbf{z}_{1:t}, \mathbf{m})
$$
$$
= \underbrace{\sum_{\mathbf{c}_t \in \mathcal{C}} p(\mathbf{z}_t|\mathbf{x}_t, \mathbf{c}_t, \mathbf{m})p(\mathbf{c}_t) \int p(\mathbf{x}_t|\mathbf{x}_{t-1}, \mathbf{u}_t)p(\mathbf{x}_{t-1}|\mathbf{u}_{1:t-1}, \mathbf{z}_{1:t-1}, \mathbf{m})d\mathbf{x}_{t-1}}_{\text{自己位置に関する分布}}
$$
$$
\cdot \underbrace{p(\mathbf{z}_t|\mathbf{x}_t, \mathbf{c}_t, \mathbf{m})p(\mathbf{c}_t)}_{\text{センサ観測値のクラスに関する分布}} \tag{6.8}
$$

以下では，式 (6.8) に示す分布をパーティクルフィルタ（より具体的にはラオ・ブラックウェル化パーティクルフィルタ）を用いて実際に計算する方法を解説します．

6.2　自己位置と観測物体のクラスの同時推定の実装

6.2.1　ラオ・ブラックウェル化パーティクルフィルタ

上述の方法の実装例を解説する前に，ラオ・ブラックウェル化パーティクルフィルタについて簡単に解説します．いま，推定したい状態変数 $\mathbf{x}$ があり，それが二つに分割できる（$\mathbf{x} = (\mathbf{x}_1, \mathbf{x}_2)$）とします（上述の自己位置の $\mathbf{x}$ とは関係ないので注意してください）．このとき，乗法定理を用いれば，同時分布をつぎのような二つの確率分布の形に変形することができます．

$$p(\mathbf{x}) = p(\mathbf{x}_1, \mathbf{x}_2) = p(\mathbf{x}_1)p(\mathbf{x}_2|\mathbf{x}_1) \tag{6.9}$$

いま，式 (6.9) のように分解されたもとで，この二つの確率分布が以下のような関係を持つとします．

- $p(\mathbf{x}_1)$ は，パーティクルフィルタのようなサンプリングでなければ求めるのが困難な分布

- $p(\mathbf{x}_2|\mathbf{x}_1)$ は，$\mathbf{x}_1$ がわかれば解析的に求められる分布

このとき，$\mathbf{x}_1$ をパーティクルフィルタによってサンプリングし，$\mathbf{x}_2$ を $\mathbf{x}_1$ が与えられたもとで解析計算することによって，同時分布を求める方法をラオ・ブラックウェル化パーティクルフィルタと呼びます。つまり，$\mathbf{x}_1$ と $\mathbf{x}_2$ の両方をサンプリングで求める必要がなくなるため，$\mathbf{x}$ 全体を求めるために必要なパーティクル数を少なくすることが可能になります。この方法は，パーティクルフィルタを用いた SLAM[20),32)] でも利用されており，ロボットの姿勢に関する情報をサンプリングにより得て，その姿勢に基づいて地図を解析的に求める，という方法で実装されています。なお，ラオ・ブラックウェル化パーティクルフィルタは，7 章で解説する信頼度付き自己位置推定を実装する際にも利用されます。

6.2.2 処 理 手 順

ラオ・ブラックウェル化パーティクルフィルタを用いて，式 (6.8) に示した分布を求めるにあたり，自己位置に関する分布をパーティクルフィルタで，センサ観測値のクラスに関する分布を解析計算で求めていきます。つまり式 (6.9) では，自己位置 $\mathbf{x}_t$ が $\mathbf{x}_1$，センサ観測値のクラス $\mathbf{c}_t$ が $\mathbf{x}_2$ に相当します。また，本来，ラオ・ブラックウェル化パーティクルフィルタでは，各パーティクルが求めたい状態変数二つのどちらもを持つべきです（すなわち，今回の例であれば $\mathbf{s}_t^{[i]} = (\mathbf{x}_t^{[i]}, \mathbf{c}_t^{[i]}, \omega_t^{[i]})$ とするべきです）。しかし，センサ観測値のクラスの推定は高速に実行できますし，実用上，使用するのは最尤パーティクルが有するものだけになります。そのため，パーティクルにセンサ観測値のクラスは持たせず，最尤パーティクルを得た後に，再度，センサ観測値のクラス推定を行い，それを $p(\mathbf{c}_t|\mathbf{x}_t, \mathbf{u}_{1:t}, \mathbf{z}_{1:t}, \mathbf{m})$ として取得する方法で実装します。これにより，メモリコストの上昇を抑制することが可能になります。

今回実行する処理手順をまとめると，以下のようになります。

① 動作モデルに従って，パーティクルを更新する
② クラス条件付き観測モデルに従って，パーティクルの尤度を計算する
③ 最尤パーティクルの自己位置を基に，センサ観測値のクラスを推定する
④ パーティクルの尤度に従って，自己位置を推定する
⑤ 不要なパーティクルを消滅させ，有効なパーティクルを複製する

以降，②と③のプロセスについて解説していきます。①，④，⑤のプロセスについてはそれぞれ 5.1.2 項，5.1.4 項，5.1.5 項で説明しているものと変わりません。

6.2.3 尤 度 計 算

まず，式 (6.3) に示したように，自己位置に関する尤度，すなわちパーティクルの尤度をクラス条件付き観測モデルを用いて計算するにあたり，4.3.1 項で述べた観測の独立性を仮定し，因数分解を行うことで式 (6.10) を得ます。

$$\sum_{\mathbf{c}_t \in \mathcal{C}} p(\mathbf{z}_t | \mathbf{x}_t, \mathbf{c}_t, \mathbf{m}) p(\mathbf{c}_t) = \prod_{k=1}^{K} \sum_{c_t \subset \mathcal{C}} p(\mathbf{z}_t^{[k]} | \mathbf{x}_t, c_t^{[k]}, \mathbf{m}) p(c_t^{[k]}) \tag{6.10}$$

本章で示す実装方法では，センサで観測した障害物が「地図に存在する・しない」，つまり既知（known）障害物，未知（unknown）障害物という 2 種類のクラスを扱うので，$\mathcal{C} = \{\text{known}, \text{unknown}\}$ となります。この 2 種類のクラスを導入することで，4 章で述べたビームモデル，尤度場モデルの抱える課題を解決することができるようになります。なお，より汎用的なクラス（例えば道路や建物）を用いる場合に関しては，6.4 節にて解説しています。

ここで，式 (6.10) は以下のように変形されます。

$$\prod_{k=1}^{K} \sum_{\mathbf{c}_t \in \mathcal{C}} p(\mathbf{z}_t^{[k]} | \mathbf{x}_t, c_t^{[k]}, \mathbf{m}) p(c_t^{[k]})$$
$$= \prod_{k=1}^{K} \Big(p(\mathbf{z}_t^{[k]} | \mathbf{x}_t, c_t^{[k]} = \text{known}, \mathbf{m}) p(c_t^{[k]} = \text{known})$$
$$+ p(\mathbf{z}_t^{[k]} | \mathbf{x}_t, c_t^{[k]} = \text{unknown}, \mathbf{m}) p(c_t^{[k]} = \text{unknown}) \Big) \tag{6.11}$$

今回，パーティクルの尤度は，式 (6.11) によって計算されます。以降では，それぞれのクラスが与えられたもとでの実際の観測モデルについて解説します。なお，観測の独立性を仮定しているため，一つひとつの観測についてのモデル化を解説していくことに注意してください。

6.2.4 known の場合の観測モデル

$c_t^{[k]} = \text{known}$ の条件が与えられた場合，観測モデルの中で，環境の動的変化を考慮する必要がなくなります。なぜなら，「この観測は地図に存在する障害物からのものである場合」という条件を明示的に与えることになるからです。このモデルは，式 (4.18) に示した尤度場モデルでつぎのようにモデル化します。

$$p(\mathbf{z}_t^{[k]} | \mathbf{x}_t, c_t^{[k]} = \text{known}, \mathbf{m}) = p_{\text{LFM}}(\mathbf{z}_t^{[k]} | \mathbf{x}_t, \mathbf{m}) \tag{6.12}$$

4.3.3 項で述べたとおり，尤度場モデルは $p_{\text{rand}}(\cdot)$ を有するため，環境の動的な変化にも対応できます。しかし本来，$p_{\text{rand}}(\cdot)$ は，ランダムなノイズに起因する観測が得られることを仮定したモデルとなっています。そのため，$c_t^{[k]} = \text{known}$ とした条件付き観測モデルにも加わることになります。また，尤度場モデルは，ビームモデルが有する課題を解決することができるモデルです。しかしながら，環境の変化をまったく考慮していないモデルとなってしまうため，ビームモデルに比べて環境変化に対する頑健性が低下してしまいます。しかし，式 (6.12) に示したとおり，今回は，「地図に存在する障害物を観測している」という条件を明示的に与えています。そのため，尤度場モデルを用いてこれをモデル化することに矛盾が生じません。つまり，$c_t^{[k]} = \text{known}$ という条件が加わることで，有効に尤度場モデルを適用することができます。

6.2.5 unknown の場合の観測モデル

$c_t^{[k]}$ = unknown の条件が与えられた場合，「地図に存在しないものを観測している」という事象を考えることになります。当然ですが，地図に存在しないものなので，センサがどのような観測を得るかは，まったく想像ができなくなります。もしかしたら，地図が変化しているかもしれませんし，歩行者のような動的な障害物に囲まれてしまうかもしれません。そこで，ビームモデルを構築する際に考えた指数分布を参照し，以下のようにモデル化します。

$$p(\mathbf{z}_t^{[k]}|\mathbf{x}_t, c_t^{[k]} = \text{unknown}, \mathbf{m}) = \frac{1}{1 - \exp(-\lambda d_{\max})} \lambda \exp(-\lambda d_t^{[k]}) \tag{6.13}$$

ここで，$d_{\max}$ は 2D LiDAR の最大の計測距離です。図 4.4 でも解説したとおり，LiDAR は遠距離よりも近距離の物体を観測する可能性のほうが高いです。式 (6.13) により，「2D LiDAR が計測できる，比較的距離が近い範囲で何かしら障害物が観測される」という事象がモデル化できます。

式 (6.12)，式 (6.13) は，どちらも高速に計算することができます。そのため，ビームモデルのように計算時間が問題になることはありません。また，未知障害物を観測する場合を明示的に考慮しているため，尤度場モデルのように環境変化を考慮していないモデルを用いても，問題を引き起こしません。つまり，クラス条件付き観測モデルは，ビームモデル，尤度場モデルが抱える課題を解決するモデルであることがわかります。

6.2.6 c_t の事前確率

c_t は，センサが観測した物体のクラスを表すので，この事前確率 $p(c_t)$ とは，センサがある物体を計測する前から，その物体のクラスが何であるかを表す確率となります。当然，このような確率を事前に定めることはできません。そのため，この確率は一様とし，$p(c_t^{[k]} = \text{known}) = p(c_t^{[k]} = \text{unknown}) = 0.5$ として実装します。もし，事前に環境中に動的な障害物がない，多いなどの情報がわかれば，この値を変更することも可能ですが，実用上は一様としても問題ありません。

6.2.7 クラス条件付き観測モデルによる尤度計算の実装例

リスト 6.1 に，クラス条件付き観測モデルを用いた尤度計算の実装例を示します。calculate ClassConditionalMeasurementModel は，パーティクルの姿勢 pose とセンサの観測値 scan を受け取ります。そして，リスト 5.7 で解説した尤度場モデルによる観測モデルの実装例と同様に，尤度計算に使用する観測値の分だけ，繰返し計算を行います。また尤度場モデルの実装例と同様に，スキャンデータが有効範囲にあるかや，地図上に存在するかを確認しながら，14 行目で宣言されている pKnown と pUnknown を計算します。これらが，式 (6.12) と式 (6.13) にそれぞれ対応しています。

リスト **6.1**　クラス条件付き観測モデルを用いた尤度計算の実装例（include/MCL.h）

```
1    double calculateClassConditionalMeasurementModel(Pose pose, Scan scan) {
2        double var = lfmSigma_ * lfmSigma_;
3        double normConst = 1.0 / sqrt(2.0 * M_PI * var);
4        double rangeMax = scan.getRangeMax();
5        double unknownConst = 1.0 / (1.0 - exp(-unknownLambda_ * rangeMax));
6        double pMax = 1.0 / mapResolution_;
7        double pRand = 1.0 / (scan.getRangeMax() / mapResolution_);
8        double pKnownPrior = 0.5;
9        double pUnknownPrior = 1.0 - pKnownPrior;
10       double w = 0.0;
11       for (size_t i = 0; i < scan.getScanNum(); i += scanStep_) {
12           // スキャン点が地図に存在するかしないかの確率
13           // この和がパーティクルの尤度となる
14           double pKnown, pUnknown;
15           double r = scan.getRange(i);
16           if (r < scan.getRangeMin() || scan.getRangeMax() < r) {
17               pKnown = (zMax_ * pMax + zRand_ * pRand) * pKnownPrior;
18               pUnknown = (unknownConst * unknownLambda_
19                           * exp(-unknownLambda_ * scan.getRangeMax())
20                           * mapResolution_) * pUnknownPrior;
21           } else {
22               double a = scan.getAngleMin() + (double)i
23                          * scan.getAngleIncrement() + pose.getYaw();
24               double x = r * cos(a) + pose.getX();
25               double y = r * sin(a) + pose.getY();
26               int u, v;
27               xy2uv(x, y, &u, &v);
28               if (0 <= u && u < mapWidth_ && 0 <= v && v < mapHeight_) {
29                   double d = (double)distField_.at<float>(v, u);
30                   double pHit = normConst * exp(-(d * d) / (2.0 * var))
31                                 * mapResolution_;
32                   pKnown = (zHit_ * pHit + zRand_ * pRand) * pKnownPrior;
33               } else {
34                   pKnown = (zRand_ * pRand) * pKnownPrior;
35               }
36               pUnknown = (unknownConst * unknownLambda_
37                           * exp(-unknownLambda_ * r) * mapResolution_)
38                           * pUnknownPrior;
39           }
40           double p = pKnown + pUnknown;
41           if (p > 1.0)
42               p = 1.0;
43           w += log(p);
44       }
45       return exp(w);
46   }
```

6.2.8 センサ観測値のクラスに関する確率分布の推定

観測の独立性を仮定して，クラス条件付き観測モデルを因数分解したように，式 (6.7) に示したセンサ観測値のクラスに関する分布も因数分解します。

$$p(\mathbf{z}_t|\mathbf{x}_t,\mathbf{c}_t,\mathbf{m})p(\mathbf{c}_t) = \prod_{k=1}^{K} p(\mathbf{z}_t^{[k]}|\mathbf{x}_t,c_t^{[k]},\mathbf{m})p(c_t^{[k]}) \tag{6.14}$$

式 (6.14) から，一つひとつのセンサ観測値のクラスに関する分布を個別に推定できるようになることがわかります。そのため，各センサの観測値ごとに，クラス条件付き観測モデルを用いたベイズフィルタを適用し，観測物体のクラスに関する確率分布を計算します。なお，今回は最尤パーティクルの自己位置に基づいて上記の分布を推定するため，式 (6.14) の $\mathbf{x}_t$ は最尤パーティクルの自己位置であることに注意してください。

6.2.9 センサ観測値のクラス推定の実装例

リスト **6.2** に，センサ観測値のクラス推定の実装例を示します。calculateUnknownScanProbs の内部は，リスト 6.1 の calculateClassConditionalMeasurementModel に類似しています。これは同様に，パーティクルの姿勢 pose とセンサの観測値 scan を受け取り，pKnown と pUnknown を計算します。そして 38 行目の unknownScanProbs_[i] に，i 番目の観測値に対する未知障害物の確率を記録していきます。なお，既知障害物である確率は 1 - unknownScanProbs_[i] で計算できます。

リスト **6.2** センサ観測値のクラス推定の実装例（include/MCL.h）

```
1     void calculateUnknownScanProbs(Pose pose, Scan scan) {
2         unknownScanProbs_.resize(scan.getScanNum(), 0.0);
3         double var = lfmSigma_ * lfmSigma_;
4         double normConst = 1.0 / sqrt(2.0 * M_PI * var);
5         double rangeMax = scan.getRangeMax();
6         double unknownConst = 1.0 / (1.0 - exp(-unknownLambda_ * rangeMax));
7         double pMax = 1.0 / mapResolution_;
8         double pRand = 1.0 / (scan.getRangeMax() / mapResolution_);
9         double pKnownPrior = 0.5;
10        double pUnknownPrior = 1.0 - pKnownPrior;
11        for (size_t i = 0; i < scan.getScanNum(); i++) {
12            double pKnown, pUnknown;
13            double r = scan.getRange(i);
14            if (r < scan.getRangeMin() || scan.getRangeMax() < r) {
15                pKnown = (zMax_ * pMax + zRand_ * pRand) * pKnownPrior;
16                pUnknown = (unknownConst * unknownLambda_
17                        * exp(-unknownLambda_ * scan.getRangeMax())
18                        * mapResolution_) * pUnknownPrior;
19            } else {
20                double a = scan.getAngleMin() + (double)i
21                        * scan.getAngleIncrement() + pose.getYaw();
22                double x = r * cos(a) + pose.getX();
23                double y = r * sin(a) + pose.getY();
```

```
24              int u, v;
25              xy2uv(x, y, &u, &v);
26              if (0 <= u && u < mapWidth_ && 0 <= v && v < mapHeight ) {
27                  double d = (double)distField_.at<float>(v, u);
28                  double pHit = normConst * exp(-(d * d) / (2.0 * var))
29                              * mapResolution_;
30                  pKnown = (zHit_ * pHit + zRand_ * pRand) * pKnownPrior;
31              } else {
32                  pKnown = (zRand_ * pRand) * pKnownPrior;
33              }
34              pUnknown = (unknownConst * unknownLambda_
35                          * exp(-unknownLambda_ * r) * mapResolution_)
36                          * pUnknownPrior;
37          }
38          unknownScanProbs_[i] = pUnknown / (pKnown + pUnknown);
39      }
40  }
```

　なお，リスト 6.1 における繰返し計算では，**scanStep_** 分だけ計算をスキップしていましたが，リスト 6.2 における繰返し計算では，すべての観測値に対して計算を行っています。これは，既知・未知障害物である確率が後の処理（例えば物体追跡や経路計画）のために利用されることを想定し，すべての観測値に対して確率を計算しているためです。5.1.3 項でも述べましたが，自己位置推定のためのパーティクルの尤度計算を行う際には，類似する観測を使いすぎないようにするために，使用する観測値を間引くほうが効果的ですが，未知障害物かどうかの分類は自己位置推定に影響を与えないため問題ありません。

6.3　自己位置と観測物体のクラスの同時推定の実行

6.3.1　実　　　行

　プログラムを実行する前に，src/MCL.cpp をリスト **6.3** のように修正し，クラス条件付き観測モデルが使用されるように修正します。

リスト **6.3**　クラス条件付き観測モデルの使用設定（src/MCL.cpp）

```
1  // 使用する観測モデルの設定
2  // mcl.useBeamModel();
3  // mcl.useLikelihoodFieldModel();
4  mcl.useClassConditionalMeasurementModel();
```

　これは，リスト 5.10 の 24 行目をコメントアウト（//を行の前に追加）し，25 行目のコメントアウトを外したものとなります。なお，これらの行は，リスト 6.3 では 3，4 行目となっています。
　そしてプログラムをコンパイルしてから MCL を実行します。

```
$ cd build/
$ make
$ ./MCL ../maps/nic1f/
```

実行結果を**図 6.2** に示します。図 5.3 と同様に，(a) がシミュレーション，(b) が推定の結果になります。図 (b) の結果では，未知障害物の確率 $p(c_t^{[k]} = \text{unknown})$（リスト 6.2 に示した実装例では `unknownScanProbs_` の値）が 0.9 を超えた観測値を未知障害物として検出しています。MCL の実行画面に存在しない障害物を観測している観測値が，未知障害物として検出されていることが確認できます。

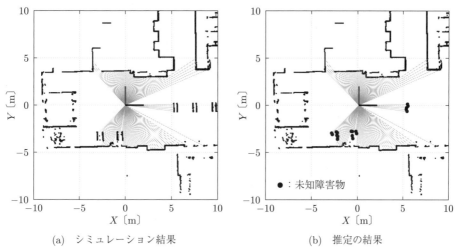

(a) シミュレーション結果　　　　(b) 推定の結果

MCL の実行画面に，存在しない障害物を観測している
観測値は，未知障害物として推定されています。

図 6.2 自己位置とセンサ観測値のクラスの同時推定の実行結果

6.3.2 尤度分布の比較

クラス条件付き観測モデルが形成する尤度分布を，ビームモデル，尤度場モデルが形成するそれと比較した結果を**図 6.3** に示します。図 (a)，図 (b)，図 (c) がそれぞれビームモデル，尤度場モデル，クラス条件付き観測モデルによる尤度分布であり，図 (d) が 20〜30 m 地点を拡大した図になります。なお，これらの例では，図 4.5 と同様に，20 m 地点に地図上の障害物が存在すると仮定しています。

クラス条件付き観測モデルでは，ビームモデルと同様に，障害物手前からの観測値が得られることが考慮できているとわかります（確率密度が 0 になっていないということです）。また図 (d) の拡大図からわかるように，クラス条件付き観測モデルでは，障害物の背後からも観測が起こり得ることが考慮されています。そのため，障害物がなくなるなどして，予想より長い距離の観測値が得られるなどといった事象も考慮することができます。なお，ビームモデル，尤度場モデルでも，式 (4.14) に示した $p_{\text{rand}}(\cdot)$ が含まれるため，このような地図上の障害物の除去にも対応することはできます。しかしそれは，ランダムな観測値が得られたという解釈で強引に成立させているものであるため，このような観測が多く発生する場合には，想定したモデルと矛盾が大きくなり，対応することが困難になってしまいます。

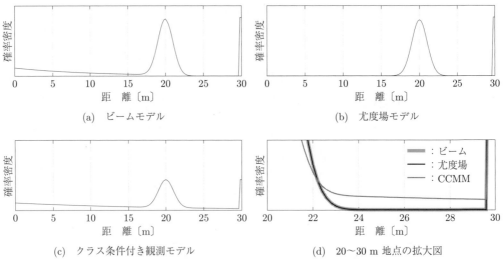

(a) ビームモデル

(b) 尤度場モデル

(c) クラス条件付き観測モデル

(d) 20～30 m 地点の拡大図

図 4.5 と同様に，20 m 地点に地図上の障害物が存在する
と仮定しています。クラス条件付き観測モデルでは，障
害物の背後の領域でも観測が起こり得ることを仮定して
いることがわかります。図 (d) 内の CCMM はクラス条
件付き観測モデルを示します。

図 6.3　尤度分布の比較

　クラス条件付き観測モデルは式 (6.12)，式 (6.13) を用いて計算されるため，計算効率の面で
も優れます。実際にその計算時間は，尤度場モデルとほぼ大差がなく，ビームモデルと比較し
てかなり高速になります[33]。また，計算に必要な地図は距離場（もしくは尤度場）のみである
ため，地図に対するメモリコストも尤度場モデルと同じになります。

6.3.3　棄却性能の比較

　文献 1) では，ビームモデルを用いて動的障害物を観測している可能性の高い観測値を棄却す
る方法が述べられています†。この方法では，それぞれの観測値に対して以下の式により値を計
算し，しきい値 χ 以上となった場合に，動的障害物を観測している可能性が高いとして棄却し
ます。

$$\frac{\int p_{\text{short}}(\mathbf{z}_t^{[k]}|\mathbf{x}_t,\mathbf{m})\hat{b}(\mathbf{x}_t)d\mathbf{x}_t}{\int p_{\text{beam}}(\mathbf{z}_t^{[k]}|\mathbf{x}_t,\mathbf{m})\hat{b}(\mathbf{x}_t)d\mathbf{x}_t} > \chi \tag{6.15}$$

ここで $\hat{b}(\mathbf{x}_t)$ は，式 (6.16) に示すように，予測分布の短縮表記です。

$$\hat{b}(\mathbf{x}_t) \overset{\text{def}}{=} \int p(\mathbf{x}_t|\mathbf{x}_{t-1},\mathbf{u}_t)p(\mathbf{x}_{t-1}|\mathbf{u}_{1:t-1},\mathbf{z}_{1:t-1},\mathbf{m})d\mathbf{x}_{t-1} \tag{6.16}$$

---

†　本章で解説した手法は，観測値のクラス（すなわち地図上での存在の有無）を自己位置と同時に推定する
　　ことで，動的障害物の自己位置推定への影響を低下させるものです。一方でこの手法は，動的障害物を観
　　測している可能性が高い観測値を棄却してから尤度計算を行うことで，動的障害物の影響を低下させるも
　　のです。そのため，厳密に比較することは困難ですが，地図上での存在の有無の認識と動的障害物として
　　の棄却は類似するので，その性能を比較します。

式 (6.15) に示した積分計算を厳密計算するのは困難です。しかしこれは，$\hat{b}(\mathbf{x}_t)$ からサンプリングされたパーティクル群（すなわち動作モデルによって更新されたパーティクル群）を用いて近似計算をすることができます。

式 (6.15) を用いた棄却の例を図 **6.4** に示します。この例では $\chi = 0.9$ としています。図 (a) は，すべての観測値に対して未知障害物の棄却を行った結果です（シミュレーションの結果は図 6.2(a) と同じです）。この例でも，MCL 実行用の地図に存在しない障害物からの観測を棄却できていることが確認できます。しかし通常，自己位置推定は観測値を間引いて行うほうが好都合です。そのため，計算効率の観点から見ても，この棄却も間引いた観測値に対してのみ行うほうが効率的です。そうなると，動的障害物として棄却されるのは，図 (b) のようにわずかな観測値のみとなります。これは自己位置推定の観点からすれば悪いことではありません。しかし，後段に続く経路計画などのモジュールでは，地図にない障害物からの観測値のみを利用したいという状況もあります。その場合には，別途すべての観測値に対してビームモデルの演算が必要となり，計算効率が著しく低下してしまいます。一方で，クラス条件付き観測モデルを用いた場合には，図 6.2 に示したように，計算コストをほぼ増加させることなく，全観測値に対してクラスの認識を行うことが可能となります。

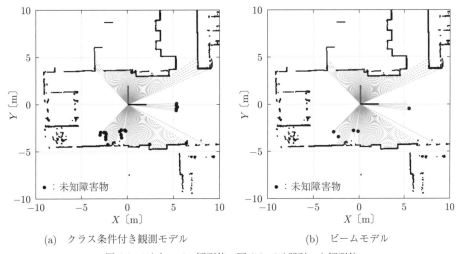

(a) クラス条件付き観測モデル　　　　　　(b) ビームモデル

図 (a) ではすべての観測値，図 (b) では間引いた観測値のみに対して，それぞれ棄却が実行されていますが，図 (a) のほうが棄却にかかる時間は短くなっています。

図 6.4 動的障害物の棄却の比較

式 (6.15) に示した積分は，パーティクル群を用いて近似して計算しています。つまりこの棄却方法は，パーティクル群が真値周辺に分布していないと，性能が低下してしまうものとなっています。一方で，クラス条件付き観測モデルを用いたクラスの認識は，その影響をあまり受けません。これは，最尤パーティクルが有するクラスの認識結果が，そのままクラスの認識結果として採用されるためです。図 6.3 に示したように，クラス条件付き観測モデルも，地図上の障

害物の存在する位置での観測に対して，確率密度が最大となっています。つまり，正しい位置に存在しているパーティクルが最尤になりやすくなります。そのため，パーティクル群が広く分布していたとしても，真値周辺にパーティクルが存在するならば，それが最尤になりやすく，正しくクラス認識を行うことができます。その例を**図 6.5** に示します。図 (a) がクラス条件付き観測モデル，図 (b) が式 (6.15) を適用した結果となっています。散らばっている濃い灰色の線がパーティクルを表しています。クラス条件付き観測モデルを用いた場合には，パーティクル群が収束していない場合でも，地図上での存在の有無が認識できていることがわかります。

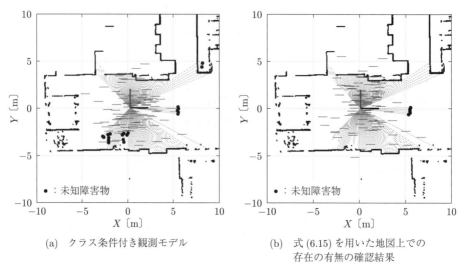

(a)　クラス条件付き観測モデル　　　　(b)　式 (6.15) を用いた地図上での
　　　　　　　　　　　　　　　　　　　　　　存在の有無の確認結果

図 (b) の例では，未知障害物として正しく検知されていない
観測が存在します。

図 6.5　パーティクル群が広く分布している状況における観測物体の
　　　　地図上での有無の認識

6.3.4　欠　　　　点

　クラス条件付き観測モデルの欠点は，図 6.3 に示したように，可観測領域すべての領域で観測が起きると仮定することです。これは可観測領域すべてにおいて，動的な障害物の観測を仮定するということを可能とし，環境変化に対する自己位置推定の頑健性を向上させるために役立ちます。しかし，もし誤った位置にパーティクルが存在し，観測値と地図が正しく照合できなくなってしまった場合を考えると，それらの観測がすべて環境の動的変化によるものと判断するため，そのパーティクルの尤度を低下させることができません。一方で，ビームモデルであれば，地図上の障害物の背後の領域に対する観測においては，尤度を低下させることができます。そのため，大域的自己位置推定など，初期位置の推定精度が低い状態で，クラス条件付き観測モデルを利用して高精度に自己位置推定を行うことは困難になります。

　最適化には，**ロバスト推定**（robust estimation）という手法があります。これは，最小二乗法などを用いてパラメータ推定を行う際に，外れ値の影響を少なくするための手法です。ロバ

スト推定の一つに **M 推定**（M-estimation）があります。M 推定では，データと推定値の誤差に対して重みを設定し，例えば，誤差が大きすぎるデータに対して，重みが 0 となるような重みを与えたりします。これにより，大きく外れたデータは推定にまったく影響を与えなくなるということが起こります。つまり，もしすべてのデータが大きく外れてしまっているような初期位置を選択すると，M 推定を用いたパラメータ推定はまったく機能しないことになります。上述したクラス条件付き観測モデルの欠点は，この事象とまったく同じになります。

6.4　汎用的クラスを用いた自己位置推定法への拡張

　本章で考えたモデルは，図 6.1 に示したように，センサ観測値のクラス $\mathbf{c}_t$ がセンサ観測値 $\mathbf{z}_t$ に対する未知の親ノードとして導入されています。この導入は，より汎用的なクラス（例えば建物や路面など）を用いようとした際に問題となります。本節では，そのような問題がなぜ起こるのか，またどのようにこれを解決するかといった問題に取り組んだ，著者の研究を紹介します。この取組みを本書にて章立てしなかったのは，その手法が地図上に存在する障害物までにクラス情報を有すること，また，オンラインで物体認識を行うような手法の利用まで要求することから，実装がきわめて複雑化するためです。そのため，本章では簡単に概略だけを解説することとしています。詳細は文献 31) に譲ります。

6.4.1　汎用的クラスを導入することの難しさ

　センサ観測値のクラスを推定する際には，基本的にセンサ観測値を用います。そのため，推定されたセンサ観測値のクラスは，センサ観測値に支配される子ノードとなるべきです。しかし，本章で解説した方法ではそうなっておらず，センサ観測値のクラスは，センサ観測値の親ノードとなっています。当然これには理由があります。もし，センサ観測値のクラスをセンサ観測値の子ノードとした場合には，地図 $\mathbf{m}$ もこのクラスの親ノードとなる必要が出てきます。そしてこれは，「地図上の障害物もクラス情報を持つ必要が出る」ということを意味し，地図構築の手間が格段に増加するということを意味します。もし，地図がクラス情報を持たない場合には，上述のように，単に幾何的な情報を利用した観測モデルの構築しか行えないため，図 4.1 に示したモデル，すなわちセンサ観測値が地図に依存するモデルと何も変わらなくなります。つまり，クラス情報が活用できないということになります。

　また，もし地図にクラス情報を与えることができ，かつ何かしらの方法で観測値に対するクラスを推定できたとします[†]。そして，推定されたクラスと同じクラスの地図上の障害物とのみ，幾何的な情報を利用した照合を行うという方法を考えます。このような方法は多く提案されていますが，これらは確率的なモデルとして矛盾してしまいます。上述のとおり，センサ観測値

[†]　最近では深層学習を用いれば，このようなクラス推定は簡単に，かつ高精度に行えるようになってきています。文献 31) でも深層学習を用いたクラス推定器を利用しています。

を用いてセンサ観測値のクラスを推定するということは，センサ観測値のクラスがセンサ観測値の子ノードとなることを意味します。一方で，センサ観測値のクラスを用いて照合させる物体を選択するということは，センサ観測値のクラスがセンサ観測値の親ノードに相当することを意味します。これは，センサ観測値のクラスが条件として与えられたもとで，観測モデルを考えるためです。実際に，図 6.1 に示したように，本章で解説した手法はそのようになっているため，クラス条件付き観測モデルを導出することができています。つまりこの方法では，センサ観測値とそのクラスの間に親子という関係がなくなってしまいます。そうなると，これらの変数間は無向リンクで結ばれる必要が出てくるため，ベイジアンネットワークの枠組みで議論することができなくなります。その結果，このような問題は，従来の自己位置推定モデルでは議論することができないモデルとなってしまいます。

　本章で解説した手法だと，上記のような複雑な問題を考えなくて済むというメリットがあります。ただし，地図に埋め込まれているような汎用的なクラス情報が活用できないということになります。そのため，地図に存在する・しないといった限定的なクラス情報しか活用できないという問題が発生してしまいます。ただし，この二つのクラスしか扱わない場合でも，上述のように，環境変化をより柔軟に表現するために，有効なクラス条件付き観測モデルが得られること，そしてこれにより，環境変化に対する自己位置推定の頑健性を向上させることができるといった利点を得ることができます。

6.4.2　クラス情報を活用した尤度計算モデル

　上述の問題を解決するために著者が取り組んだ研究が文献 31) であり，この文献で提案しているグラフィカルモデルが図 6.6 になります。本手法では，物体クラス認識器を使うことを前提としており，これにより，各観測値のクラスに対する離散確率分布 $p(\mathbf{c}_t)$ が得られることを前提としています。なお，文献 31) では，SegNet[34] と呼ばれる画像のセマンティックセグメンテーションを行う深層学習モデルを参考に，3D LiDAR の観測値を画像に見立て，物体クラス認識を行う深層学習モデルを採用しています。

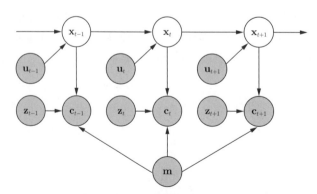

図 6.6　汎用的なクラス情報を活用する自己位置推定の
ためのグラフィカルモデル[31]

図 6.1 と異なり，図 6.6 のモデルではセンサ観測値のクラスである $\mathbf{c}_t$ が可観測変数として扱われています。これは物体クラス認識器の出力を，ある種センサによる観測値であると仮定して扱うことになります。本来は，センサ観測値のクラスは推定すべき変数なので，未知変数として扱われるべきですが，ここでは可観測変数と仮定することで，問題の簡略化を実現しています。そのため，本手法で求める事後分布は式 (6.17) になります。

$$p(\mathbf{x}_t|\mathbf{u}_{1:t}, \mathbf{z}_{1:t}, \mathbf{c}_{1:t}, \mathbf{m}) \tag{6.17}$$

図 6.1 に示したモデルと異なり，未知変数が自己位置 $\mathbf{x}_t$ のみなので，式 (6.1) のような同時分布を求める問題とはなりません。

式 (6.17) の詳細な定式化は割愛しますが，この事後分布は以下のように展開されます。

$$\begin{aligned} &p(\mathbf{x}_t|\mathbf{u}_{1:t}, \mathbf{z}_{1:t}, \mathbf{c}_{1:t}, \mathbf{m}) \\ &= \eta p(\mathbf{c}_t|\mathbf{x}_t, \mathbf{z}_t, \mathbf{m}) \int p(\mathbf{x}_t|\mathbf{x}_{t-1}, \mathbf{u}_t) p(\mathbf{x}_{t-1}|\mathbf{u}_{1:t-1}, \mathbf{z}_{1:t-1}, \mathbf{m}) d\mathbf{x}_{t-1} \end{aligned} \tag{6.18}$$

式 (6.18) において，$p(\mathbf{c}_t|\mathbf{x}_t, \mathbf{z}_t, \mathbf{m})$ を**クラス予測モデル** (class prediction model) と定義しています。これは，$p(\mathbf{c}_t|\mathbf{x}_t, \mathbf{z}_t, \mathbf{m})$ が自己位置 $\mathbf{x}_t$，センサ観測値 $\mathbf{z}_t$ および地図 $\mathbf{m}$ を条件として，センサ観測値のクラス $\mathbf{c}_t$ が得られる確率をモデル化する分布であるためです。

クラス予測モデルも観測モデルと同様に，観測値の独立性を仮定することで，式 (6.19) に示すように因数分解を行います。

$$p(\mathbf{c}_t|\mathbf{x}_t, \mathbf{z}_t, \mathbf{m}) = \prod_{k=1}^{K} p(c_t^{[k]}|\mathbf{x}_t, \mathbf{z}_t^{[k]}, \mathbf{m}) \tag{6.19}$$

上述のとおり，本手法では，物体クラス認識器を用いて各観測値のクラスを認識しますが，この認識がつねに正しくなる保証はありません。そのため，次式で示すクラス予測モデルでは，物体クラス認識が成功する場合と失敗する場合の 2 種類の事象（確率分布 $p_{\text{true}}(\cdot)$ と $p_{\text{false}}(\cdot)$）を考慮します。

$$p(c_t^{[k]}|\mathbf{x}_t, \mathbf{z}_t^{[k]}, \mathbf{m}) = \begin{pmatrix} c_{\text{true}} \\ c_{\text{false}} \end{pmatrix}^\top \cdot \begin{pmatrix} p_{\text{true}}(c_t^{[k]}|\mathbf{x}_t, \mathbf{z}_t^{[k]}, \mathbf{m}) \\ p_{\text{false}}(c_t^{[k]}|\mathbf{x}_t, \mathbf{z}_t^{[k]}, \mathbf{m}) \end{pmatrix} \tag{6.20}$$

式 (6.20) において，c_{true} と c_{false} は，物体クラス認識が成功・失敗する場合の割合を表す定数パラメータであり，これらの和は 1 となります。

本手法では，物体クラス認識器は各観測値のクラスに対する離散確率分布を出力するものとしています。このような離散確率分布が得られる確率をモデル化するために，**ディリクレ分布** (Dirichlet distribution) を用いることができます。例えば $p_{\text{true}}(\cdot)$ は，以下のようにモデル化されます。

$$p_{\text{true}}(c_t^{[k]}|\mathbf{x}_t, \mathbf{z}_t^{[k]}, \mathbf{m}) = \frac{\Gamma\left(\sum_{i\in C} {}^i a\right)}{\prod_{i\in C} \Gamma\left({}^i a\right)} \prod_{i\in C} p\left({}^i c_t^{[k]}\right)^{\left({}^i a - 1\right)} \tag{6.21}$$

式 (6.21) において，$\Gamma(\cdot)$ はガンマ関数，${}^i c_t^{[k]}$ は $c_t^{[k]}$ が i 番目の物体クラスであることを意味し，${}^i a$ はそれに対するディリクレ分布のハイパーパラメータになります。$p({}^i c_t^{[k]})$ は，物体クラス認識器が出力する物体クラス確率です。なお，$p_{\text{false}}(\cdot)$ も同様に，ディリクレ分布を用いてモデル化されます。ディリクレ分布を用いてこれらの分布をモデル化するには，ハイパーパラメータを適切に決定しなければなりません。文献 31) では，尤度場モデルの値などを用いて決定する方法を採用していますが，ここではそれらの詳細は割愛します。

このようにモデル化を行うことで，より汎用的な物体クラスまでを用いて自己位置推定を行うことができます。またこのモデル化により，物体認識の不確かさにも対処することができるようになります。実際に，文献 31) では，シミュレーション上で物体認識の精度を 20 ％程度まで下げたとしても，自己位置推定の精度が影響を受けないことを確認しています。

なお，この研究では SemanticKITTI[35] と呼ばれるデータセットを用いました。これは自動運転関連で有名なデータセットである KITTI[36],[37] が有する 3D LiDAR の観測値に，物体クラスを与えたデータセットになっています。SemanticKITTI を用いることで，クラス情報を有する地図の構築や，深層学習を用いたクラス分類器の学習に対するコストを解決できたことが，この研究を実施できた重要な要素となっています。

6.5　関　連　研　究

環境の動的変化のおもな要因は，歩行者や自動車などの動的障害物です。単純に自己位置推定のロバスト性を向上させる方法は，動的特性が高い物体を外れ値として扱い，位置推定の演算のために用いないことです[27]。しかしこれらの方法では，駐車車両やランドマークの移動のような，準動的な障害物には対処できません。

観測モデルの改良により，動的変化に対処する方法も提案されています。例えば Olufs らや Takeuchi らは，センサ観測の自由空間を活用した観測モデルを提案しています[18],[19]（自由空間とは，レーザビームが通過して，何も障害物がないとみなされた空間です）。これらは，地図上の後方領域における観測に対して尤度を低下させるモデルであり，未知障害物の存在により尤度が低下するといった問題を解決します。しかしながら，左右どちらかに障害物の存在しない領域においては，位置推定自体が困難になるという問題があります。また，オンラインで観測誤差をモデル化するような観測モデルなども提案されています[38]。しかしこの手法は，あくまで観測残差のモデル化を行っているのみであり，未知障害物の認識などは行っていません。

環境が静的であるという仮定を捨て，環境変化をモデル化しようと試みた手法も提案されています[39]～[41]。これらの手法では，隠れマルコフモデルやマルコフ連鎖が利用され，環境変化に対して，適応的に地図を更新することを実現しています。また Wang らは，位置推定，地図構築・更新，および動的物体の追跡を同時に実行する方法を提案しています[42]。Tipaldi らは，隠れマルコフモデルを適用し，適応的に地図を更新しながら位置推定を行う方法を提案していま

す[43]。しかしながらこれらの手法は，位置と地図を同時推定するために，ラオ・ブラックウェル化パーティクルフィルタを用いたような実装が必要とされます。すなわち，各パーティクルが地図を持つ[20],[32] などの，高い計算・メモリコストが要求されます。本章で解説した手法もラオ・ブラックウェル化パーティクルフィルタを用いて実装されていますが，問題の性質的に，メモリ増大などの問題は引き起こしません。ただし，本章で解説した手法は SLAM とは異なり，地図を未知変数として扱っていないため，根本的に環境の動的変化をモデリングして対応していないことには注意してください。

　地図更新を行わずに，異なる時間尺度の地図を用いて，位置推定を行う方法も提案されています。Meyer-Delius らや，Valencia らは，短期・長期メモリ地図，すなわちオンラインとオフラインで構築した地図を併用する方法を提案しています[44],[45]。この方法は，準動的障害物を利用して位置推定を行うことを可能とさせますが，オンラインでの地図構築が失敗した場合に，位置推定にも失敗してしまうという問題を含みます。

　Yang らは，静的・動的障害物を考慮した2種類の観測モデルを利用する方法を提案しています[46]。この方法では，feasibility grids と呼ばれる地図データの活用法を提案しています。これは，占有格子地図に feasibility という属性を持たせ，静止物体と移動物体を区別する方法です。

　Kim らは，LiDAR の光学特性や未知障害物などを考慮しながら，事前に予測される観測と現在の観測を比較することで，各観測に対して，地図上の障害物を観測するための信頼度を推定する方法を提案しています[47]。この方法は，未知障害物からの観測の検知を可能とする点で，本章で解説した手法と類似の効果を持つといえます。しかし本章の手法では，位置と観測のクラスを同時推定しており，確率的に未知障害物を検知している点が異なります。

　図 6.1 に類似するグラフィカルモデルを提案している研究も存在します。Ting らは，センサ観測の背後に，隠れ変数として重みを導入したモデルを提案し，この重みと隠れ状態をカルマンフィルタにより推定する方法を提案しています[48]。この重みは，ロバスト推定における M 推定で利用される重みと等価の役割を果たし，外れ値に対するフィルタリング性能のロバスト性を向上させています。Särkkä らは，センサ観測の背後に隠れ変数としてセンサノイズを導入したモデルを提案し，このノイズと隠れ状態を変分近似により推定する方法を提案しています[49]。この方法は，適応的にセンサノイズを推定するため，隠れ状態推定のための尤度計算をより正確に実行することを可能とさせます。

6.6 ま と め

　本章では，自己位置とセンサ観測値のクラスに関する同時分布を推定するモデルについて解説しました。この同時分布を定式化していく中で，クラス条件付き観測モデルが導出されることを示しました。クラス条件付き観測モデルとは，観測モデルに，センサ観測値のクラスも条

件として追加されたモデルです。そしてこのセンサ観測値のクラスとして，地図上に存在する・しない障害物という 2 種類のクラスを導入することで，ビームモデル，尤度場モデルが抱える問題点を解決できることを示しました。これはさらに，計算コスト，メモリコストを増人させることなく，環境変化に対する自己位置推定の頑健性を向上させることを可能にしました。また，より汎用的なクラスを自己位置推定に導入させるための方法，および関連する研究についても簡潔に解説しました。

本章で解説した手法は，環境変化に対する自己位置推定のロバスト性を向上させることを可能にします。しかし，本手法の目標はあくまで，式 (6.1) に示したように，自己位置と観測物体のクラスを同時推定することです。つまり，自己位置推定という問題を，自己位置と観測物体のクラスの同時推定問題に拡張し推定を行った結果，自己位置推定のロバスト性向上を実現したということです。このように，単に自己位置推定を行うのではなく，これを拡張することで，結果として自己位置推定の性能向上を実現させることが，著者の主張する自己位置推定の高度化になります。

7 信頼度付き自己位置推定

本章では，自己位置推定結果の正誤を正しく認識することを目的とした，自己位置推定結果の信頼度推定方法について解説します[8),9)]。この方法を端的に述べれば，自己位置推定に成功しているかどうか判断できる正誤判断分類器を導入し，これに基づいて自己位置推定結果が正しいかどうかを判定する方法です。しかし，どのような正誤判断分類器にも誤差が含まれます。そのため，安直に正誤判断分類器の結果を使用すると，推定結果が正しいかどうかの判定が不安定になります。本章で紹介する手法は，このような正誤判断分類器の不確かさまで考慮してモデル化することで，推定結果の正しさ，すなわち信頼度を求めます。これにより，単に正誤判断分類器を用いる場合よりも，安定して信頼度を求めることができます。本章では，まず本手法で用いるグラフィカルモデルを示し，その定式化について解説します。そして，その複数の実装方法について解説した後，それらのうち一つを取り上げて性能確認を行います。最後に，関連研究についても解説します。

7.1 グラフィカルモデルと定式化および信頼度の解釈

7.1.1 グラフィカルモデル

本手法で考えるグラフィカルモデルを図 7.1 に示します。図 4.1 に示した通常の自己位置推定のモデルと比較して，自己位置推定結果に対する正誤判断 d_t が可観測変数，自己位置推定状態 s_t が未知変数としてそれぞれ追加されています[†1]。ここで d_t は，何かしらの分類器によって出力される自己位置推定に成功・失敗しているかの判断であり，$d_t \in \{0,1\}$ や，$0 \le d_t \le 1$ となる実装が考えられます[†2]。この分類器を正誤判断分類器と呼びます。$d_t \in \{0,1\}$ の場合，$d_t = 1$ で自己位置推定に成功，$d_t = 0$ で失敗しているという判断とします。また $0 \le d_t \le 1$ の場合は，d_t が 1 に近いほど自己位置推定に成功しているという判断とします。s_t は自己位置推定に成功・失敗しているという二つの状態を取る変数で，$s_t \in \mathcal{S} = \{\text{success}, \text{failure}\}$ となります。すなわち，$p(s_t = \text{success})$ が自己位置推定に成功している確率であり，**信頼度**（reliability）となります。

本来は，信頼度の定義やその解釈をしっかりと与えるほうがよいと思いますが，まずは本グラフィカルモデルからの定式化について解説します。その後，定式化により得られる結果も参考にしながら，本手法で扱う信頼度がどう定義・解釈されるかの解説を行います。

---

† 1 判断と状態の英語，すなわち decision と state の頭文字を取って d と s としています。
† 2 0 と 1 の値が重要なわけではなく，離散値や連続値の場合のどちらでも考えられるということが重要になります。連続値の場合は出力の値域が定まったほうが，後の実装が便利となるため，0〜1 で考えています。

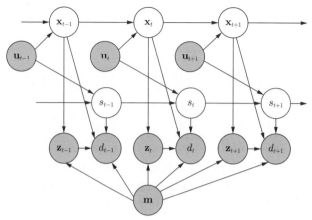

図 4.1 と比較して，正誤判断 d_t が可観測変数，自己位置推定状態
s_t が未知変数として追加されている部分が異なります。

図 7.1 信頼度付き自己位置推定で利用されるグラフィカルモデル

7.1.2 定　式　化

本手法の目的は，以下の同時分布を求めることです。

$$p(\mathbf{x}_t, s_t | \mathbf{u}_{1:t}, \mathbf{z}_{1:t}, d_{1:t}, \mathbf{m}) \tag{7.1}$$

式 (7.1) に対して，まず乗法定理を適用して因数分解を行います。

$$p(\mathbf{x}_t, s_t | \mathbf{u}_{1:t}, \mathbf{z}_{1:t}, d_{1:t}, \mathbf{m}) = p(\mathbf{x}_t | \mathbf{u}_{1:t}, \mathbf{z}_{1:t}, d_{1:t}, \mathbf{m}) p(s_t | \mathbf{x}_t, \mathbf{u}_{1:t}, \mathbf{z}_{1:t}, d_{1:t}, \mathbf{m}) \tag{7.2}$$

式 (7.2) 右辺一つ目は自己位置，二つ目は自己位置推定状態に関する分布になります。

　ここから，式 (7.2) 右辺一つ目の分布を展開していきます。まず，自己位置 $\mathbf{x}_t$ と正誤判断 d_t の関係に着目し，ベイズの定理を適用します。

$$p(\mathbf{x}_t | \mathbf{u}_{1:t}, \mathbf{z}_{1:t}, d_{1:t}, \mathbf{m}) = \eta p(d_t | \mathbf{x}_t, \mathbf{u}_{1:t}, \mathbf{z}_{1:t}, d_{1:t-1}, \mathbf{m}) p(\mathbf{x}_t | \mathbf{u}_{1:t}, \mathbf{z}_{1:t}, d_{1:t-1}, \mathbf{m}) \tag{7.3}$$

　ここでも，分母を省略し正規化係数 η で記述していることに注意してください。図 3.2 に示した有向分離のルールを確認しながら，式 (7.3) 右辺一つ目の分布から不要な条件変数を削除します。

$$p(d_t | \mathbf{x}_t, \mathbf{u}_{1:t}, \mathbf{z}_{1:t}, d_{1:t-1}, \mathbf{m}) = p(d_t | \mathbf{x}_t, \mathbf{z}_t, \mathbf{m}) \tag{7.4}$$

　さらに式 (7.4) に対して，自己位置推定状態 s_t と d_t の関係に着目し，全確率の定理を適用します。

$$p(d_t | \mathbf{x}_t, \mathbf{z}_t, \mathbf{m}) = \sum_{s_t \in \mathcal{S}} p(d_t | \mathbf{x}_t, s_t, \mathbf{z}_t, \mathbf{m}) p(s_t) \tag{7.5}$$

式 (7.5) において，$p(d_t|\mathbf{x}_t, s_t, \mathbf{z}_t, \mathbf{m})$ は，自己位置推定状態 s_t が与えられたもとで，正誤判断分類器がどのような判断を行うかをモデル化した分布になります。そのためこれを**判断モデル** (decision model) と呼びます。

さらに，式 (7.3) 右辺二つ目の分布を展開していきます。自己位置 $\mathbf{x}_t$ とセンサ観測値 $\mathbf{z}_t$ の関係に着目し，再度ベイズの定理を適用します。

$$p(\mathbf{x}_t|\mathbf{u}_{1:t}, \mathbf{z}_{1:t}, d_{1:t-1}, \mathbf{m})$$
$$= \eta p(\mathbf{z}_t|\mathbf{x}_t, \mathbf{u}_{1:t}, \mathbf{z}_{1:t-1}, d_{1:t-1}, \mathbf{m}) p(\mathbf{x}_t|\mathbf{u}_{1:t}, \mathbf{z}_{1:t-1}, d_{1:t-1}, \mathbf{m}) \tag{7.6}$$

式 (7.6) 右辺一つ目の分布から不要な条件変数を削除すると，つぎのように観測モデルを得ることができます。

$$p(\mathbf{z}_t|\mathbf{x}_t, \mathbf{u}_{1:t}, \mathbf{z}_{1:t-1}, d_{1:t-1}, \mathbf{m}) = p(\mathbf{z}_t|\mathbf{x}_t, \mathbf{m}) \tag{7.7}$$

さらに式 (7.6) 右辺二つ目の分布に対して，現時刻と 1 時刻前の自己位置である $\mathbf{x}_t$ と $\mathbf{x}_{t-1}$ に着目して全確率の定理を適用し，かつ不要な条件変数を削除することで式 (7.8) を得ます。

$$p(\mathbf{x}_t|\mathbf{u}_{1:t}, \mathbf{z}_{1:t-1}, d_{1:t-1}, \mathbf{m})$$
$$= \int p(\mathbf{x}_t|\mathbf{x}_{t-1}, \mathbf{u}_t) p(\mathbf{x}_t|\mathbf{u}_{1:t}, \mathbf{z}_{1:t-1}, d_{1:t-1}, \mathbf{m}) d\mathbf{x}_{t-1} \tag{7.8}$$

最終的に，式 (7.2) 右辺一つ目の分布，すなわち，自己位置に関する分布は以下のようになります。

$$p(\mathbf{x}_t|\mathbf{u}_{1:t}, \mathbf{z}_{1:t}, d_{1:t}, \mathbf{m})$$
$$= \eta\, p(\mathbf{z}_t|\mathbf{x}_t, \mathbf{m}) \underbrace{\sum_{s_t \in \mathcal{S}} p(d_t|\mathbf{x}_t, s_t, \mathbf{z}_t, \mathbf{m}) p(s_t)}_{\text{尤度分布}}$$
$$\cdot \underbrace{\int p(\mathbf{x}_t|\mathbf{x}_{t-1}, \mathbf{u}_t) p(\mathbf{x}_t|\mathbf{u}_{1:t-1}, \mathbf{z}_{1:t-1}, d_{1:t-1}, \mathbf{m}) d\mathbf{x}_{t-1}}_{\text{予測分布}} \tag{7.9}$$

式 (7.9) から見て取れるように，自己位置に関する分布を求めるにあたり，観測モデルと判断モデルの二つのモデルを用いることが本手法の重要な部分です。判断モデルで尤度が高くなる場合とは，正誤判断分類器が統計的に行いやすい判断を行ったときです。すなわち，正誤判断分類器が突発的にノイジーな判断を行った場合には，尤度が低下することになります。このモデルが含まれることにより，正誤判断分類器が含む不確かさに対応することができるようになります。これも，自己位置と自己位置推定状態を同時推定する問題として拡張することにより得られるメリットとなります。

つぎに，式 (7.2) 右辺二つ目の分布を展開していきます。まず，s_t と d_t の関係に着目し，ベイズの定理を適用します。

$$p(s_t|\mathbf{x}_t, \mathbf{u}_{1:t}, \mathbf{z}_{1:t}, d_{1:t}, \mathbf{m})$$
$$= \eta p(d_t|\mathbf{x}_t, s_t, \mathbf{u}_{1:t}, \mathbf{z}_{1:t}, d_{1:t-1}, \mathbf{m}) p(s_t|\mathbf{x}_t, \mathbf{u}_{1:t}, \mathbf{z}_{1:t}, d_{1:t-1}, \mathbf{m}) \tag{7.10}$$

式 (7.10) 右辺一つ目の分布から不要な条件変数を削除すれば，式 (7.11) に示すとおり，判断モデルを得ることができます。

$$p(d_t|\mathbf{x}_t, s_t, \mathbf{u}_{1:t}, \mathbf{z}_{1:t}, d_{1:t-1}, \mathbf{m}) = p(d_t|\mathbf{x}_t, s_t, \mathbf{z}_t, \mathbf{m}) \tag{7.11}$$

また，式 (7.10) 右辺二つ目の分布に対して，s_t と s_{t-1} の関係に着目して全確率の定理を適用し，同様に不要な条件変数を削除することで式 (7.12) を得ます。

$$p(s_t|\mathbf{x}_t, \mathbf{u}_{1:t}, \mathbf{z}_{1:t}, d_{1:t-1}, \mathbf{m})$$
$$= \sum_{s_{t-1}\in\mathcal{S}} p(s_t|s_{t-1}, \mathbf{u}_t) p(s_{t-1}|\mathbf{x}_{t-1}, \mathbf{u}_{1:t-1}, \mathbf{z}_{1:t-1}, d_{1:t-1}, \mathbf{m}) \tag{7.12}$$

ここで，$p(s_t|s_{t-1}, \mathbf{u}_t)$ は，制御入力 $\mathbf{u}_t$ が与えられた際に，自己位置推定状態がどのように変化するかをモデル化した分布です。つまり，ある移動に対して信頼度がどのように遷移するかを表すモデルとなるため，**信頼度遷移モデル**（reliability transition model）と呼びます。最終的に，自己位置推定状態に関する分布は式 (7.13) のようになります。

$$p(s_t|\mathbf{x}_t, \mathbf{u}_{1:t}, \mathbf{z}_{1:t}, d_{1:t}, \mathbf{m})$$
$$= \eta p(d_t|\mathbf{x}_t, s_t, \mathbf{z}_t, \mathbf{m}) \sum_{s_{t-1}\in\mathcal{S}} p(s_t|s_{t-1}, \mathbf{u}_t) p(s_{t-1}|\mathbf{x}_{t-1}, \mathbf{u}_{1:t-1}, \mathbf{z}_{1:t-1}, d_{1:t-1}, \mathbf{m})$$
$$\tag{7.13}$$

式 (7.9)，式 (7.13) より，式 (7.1)，すなわち自己位置と自己位置推定状態に関する同時分布の事後分布は，以下のように定められます。

$$p(\mathbf{x}_t, s_t|\mathbf{u}_{1:t}, \mathbf{z}_{1:t}, d_{1:t}, \mathbf{m})$$
$$= \eta \underbrace{p(\mathbf{z}_t|\mathbf{x}_t, \mathbf{m}) \sum_{s_t\in\mathcal{S}} p(d_t|\mathbf{x}_t, s_t, \mathbf{z}_t, \mathbf{m}) p(s_t) \int p(\mathbf{x}_t|\mathbf{x}_{t-1}, \mathbf{u}_t) p(\mathbf{x}_t|\mathbf{u}_{1:t-1}, \mathbf{z}_{1:t-1}, d_{1:t-1}, \mathbf{m}) d\mathbf{x}_{t-1}}_{\text{自己位置に関する分布}}$$
$$\cdot \underbrace{p(d_t|\mathbf{x}_t, s_t, \mathbf{z}_t, \mathbf{m}) \sum_{s_{t-1}\in\mathcal{S}} p(s_t|s_{t-1}, \mathbf{u}_t) p(s_{t-1}|\mathbf{x}_{t-1}, \mathbf{u}_{1:t-1}, \mathbf{z}_{1:t-1}, d_{1:t-1}, \mathbf{m})}_{\text{自己位置推定状態に関する分布}}$$
$$\tag{7.14}$$

式 (7.14) を計算するためには，具体的な判断モデルや信頼度遷移モデルなどの実装方法などを知る必要がありますが，これらに関しては次節から解説していきます。以下ではまず，この手法により推定される信頼度の解釈について解説します。

7.1.3 信頼度付き自己位置推定における信頼度の解釈

工学的には，信頼度は「目的の機能を達成しているかどうかを表す確率」と定義されます。この定義のもとでは，d_t と $p(s_t = \text{success})$ は類似したものになります。実際，$0 \leqq d_t \leqq 1$ の場合，d_t は確率とも解釈できるので，これを信頼度と呼ぶことは定義上問題ありません。しかしながら，どのような正誤判断分類器であっても，確実な判断ができることはありません。すなわち，その判断には不確かさが必ず含まれますので，直接これを信頼度とする場合は，その不確かさに対応できないことを意味します。そこで本手法では，d_t を可観測変数とみなし，これの未知の親ノードとして，自己位置推定状態 s_t を定めています。これは，「d_t をセンサ観測値のように用い，そこに含まれる不確かさの影響を考慮しながら，自己位置推定状態 s_t を求める」ということを意味します。そのため本手法では，d_t を信頼度とは呼ばず，$p(s_t = \text{success})$ を信頼度と定めています。

また，上記の条件のもとで考えると，本手法で用いる信頼度の解釈は，「使用する正誤判断分類器の統計的な性質を基に，オンラインで得られたその出力結果から，自己位置推定に成功しているかどうかを推定した確率」ということになります。そのため，確実に自己位置推定に成功・失敗しているかを判断するために使用できる値かというと，断言することは難しいところではあります。しかし，センサフュージョンや，冗長的な位置推定システムを用いずに，このような統計的な推定値を与えることは，通常の自己位置推定モデルでは絶対にできません。また，実用上は，正誤判断分類器の出力を単純に扱う場合よりも，安定して自己位置推定の正誤判断を行うことが可能になります。

なお，信頼度とは目的の機能を達成しているかどうかの確率と述べましたが，自己位置推定問題だけに着目して，目的の機能を厳密に定義することは難しいといえます。例えば，自己位置推定における目的の機能としてわかりやすいのは，自己位置推定の精度なので，位置推定誤差をある設定値以下に抑えることを目的の機能として定めることになると考えられます。しかし，このような精度は，利用されるアプリケーションによって，要求される精度が大きく異なります。そのため，ある特定のアプリケーション（例えば自動走行など）をまず考えます。そして，そのアプリケーションが正しく機能することを前提に，自己位置推定に要求する精度（例えば位置誤差 30 cm 以内，角度誤差 3° 以内など）を定め，この誤差内に推定誤差が収まる場合を自己位置推定に成功している状態，それ以外を失敗している状態として定めます。正誤判断分類器は，この状態を分類するために実装されるものです。また信頼度は，推定誤差がこの誤差内に収まっているかどうかを表す確率を指します。

7.1.4 信頼度と確信度

確率的自己位置推定を解くと，自己位置 $\mathbf{x}_t$ に対する事後分布を知ることができます。例えば，カルマンフィルタやパーティクルフィルタを用いて式 (4.6) を解くと，正規分布やパーティクル群として，自己位置に関する事後分布を得ることができます。この分布が収束している場

合を信頼度が高いと解釈する人もいますが，それは正しくありません。信頼度の工学的な定義は，上述のとおり「目的の機能を達成しているかどうかを表す確率」です。一方で，事後分布からわかることは，フィルタリングアルゴリズムにより推定された結果に対して，自信があるかどうかです。すなわちこれは**確信度**（confidence）と呼ぶべき値になります。

　図**7.2**に，信頼度と確信度が違う状況を説明する例を示します。図(a)は，推定された自己位置が真値に近い状態を表します（もちろん，実際の推定時に真値はわかりません）。しかし，事後分布は大きく広がっており，推定結果に対して自信のない状態です。このような状態は，推定結果と真値が近いので，信頼度は高い状態ですが，確信度は低い状態になります（確信度が低いので，信頼度が低いと解釈しても，実用的には問題ありません）。

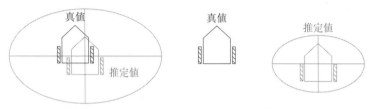

(a)　確信度は低いが　　　　　　　　(b)　確信度は高いが
　　信頼度が高い場合　　　　　　　　　　信頼度が低い場合

図(a)は，自己位置推定結果の不確かさは大きいですが，推定値と真値が近い状態です。すなわち，確信度は低いですが，信頼度が高い状態です。一方，図(b)では，不確かさは小さいものの，推定値と真値が離れてしまっています。つまり，確信度は高いものの，信頼度が低い状態となっています。この図からも，確信度と信頼度が違う状態を表すものであることが理解できます。

図7.2　信頼度と確信度の違い

　一方，図(b)は，推定された自己位置と真値が遠い状態です。しかしながら，事後分布は収束しており，推定結果に対して自信のある状態です。この状態は誤収束であり，信頼度が低く，確信度が高い状態です。つまり，確信度が高いからといって，信頼度までが高いとはいえません。そのため，式(4.6)を解いて得られるのは確信度のみであり，自己位置推定結果に対する信頼度を得ることができないということがわかります。信頼度付き自己位置推定は，通常の自己位置推定問題を解いても得られることのできない情報を得るという意味で，自己位置推定問題を拡張して高度化する取組みとなっています。

7.2　信頼度付き自己位置推定の実装

7.2.1　処　理　手　順
　6.2.1項で述べた，ラオ・ブラックウェル化パーティクルフィルタを用いて，式(7.14)に示した分布を求めます。具体的には，自己位置に関する分布をパーティクルフィルタ，信頼度に関する分布を解析計算により推定します。今回使用するパーティクルフィルタにおいては，各

パーティクルは式 (7.15) のようになります。

$$\mathbf{s}_t^{[i]} = (\mathbf{x}_t^{[i]}, r_t^{[i]}, \omega_t^{[i]}) \tag{7.15}$$

ここで $r_t^{[i]}$ は信頼度であり，$r_t^{[i]} = p(s_t^{[i]} = \mathrm{success})$ になります。未知変数は自己位置推定状態 $s_t^{[i]}$ なのですが，これを持たせても，時系列的な信頼度の変化を追うことができないため，信頼度 $r_t^{[i]}$ を持たせています。

今回実行するプロセスは，以下のようになっています。

① 動作モデルに従って，パーティクルを更新する

② 信頼度遷移モデルに従って，信頼度を更新する

③ 各パーティクルに対して，自己位置推定の正誤判断を実行して，信頼度を更新する

④ 観測モデルと判断モデルに従って，パーティクルの尤度を計算する

⑤ 最尤パーティクルが持つ信頼度を信頼度の推定結果とする

⑥ パーティクルの尤度に従って，自己位置を推定する

⑦ 不要なパーティクルを消滅させ，有効なパーティクルを複製する

以下では，②と③のプロセスについてのみ解説します。その他のプロセスは，5 章で解説されている処理と同様になっています。

7.2.2 信頼度遷移モデル

通常，制御入力が入った場合，すなわちロボットが移動した場合には，自己位置推定の精度は低下します。まれに上がる場合もあるかもしれませんが，ロボットが長い距離を移動するほど，推定精度は低下するのが一般的です。そのため信頼度は，ロボットの移動に伴って減少していくとするのが一般的といえます。その意味では，このモデルは**信頼度減衰モデル**（reliability decay model）と呼んでもよいものとなります†。しかし，ある移動に伴って，信頼度がどの程度減少するのかといったことを厳密に考えるのは困難です。そこで，以下のようなヒューリスティックな実装を行います。

$$\hat{r}_t^{[i]} = \left\{ 1 - \left(\beta_1 \left(\Delta d_t^{[i]} \right)^2 + \beta_2 \left(\Delta \theta_t^{[i]} \right)^2 \right) \right\} r_t^{[i]} \tag{7.16}$$

ここで，$\Delta d_t^{[i]}$ と $\Delta \theta_t^{[i]}$ は式 (5.4)，式 (5.5) よりそれぞれ計算され，β_1 と β_2 は任意の非負のパラメータです。

信頼度遷移モデルの実装例を**リスト 7.1** に示します。基本的にはリスト 5.4 で述べた動作モデルによるパーティクルの姿勢の更新と同様な実装となります。17, 18 行目の `relTransParam1_` と `relTransParam2_` が，式 (7.16) に示した β_1 と β_2 になります。これらを用いて，17 行目で減衰率 `decayRate` を計算して信頼度を更新しますが，信頼度が 0 以下になると確率の計算が

---

† 「減衰」は「遷移」に含まれる現象といえますので，信頼度遷移の一つとして信頼度の減衰があります。

正しく行えなくなるため，減衰率が一定値以上にならないようにしていることに注意してください。なお，22 行目の `reliabilities_[i]` が，式 (7.15) に示した $r_t^{[i]}$ に対応します。

リスト **7.1**　信頼度遷移モデルの実装例（include/MCLRE.h）

```
1    void updateParticlesAndReliability(double deltaDist, double deltaYaw) {
2        double odomNoise1, odomNoise2, odomNoise3, odomNoise4;
3        getOdomNoises(&odomNoise1, &odomNoise2, &odomNoise3, &odomNoise4);
4        double dd2 = deltaDist * deltaDist;
5        double dy2 = deltaYaw * deltaYaw;
6        for (size_t i = 0; i < getParticleNum(); i++) {
7            double dd = deltaDist + randNormal(
8                odomNoise1 * dd2 + odomNoise2 * dy2);
9            double dy = deltaYaw + randNormal(
10                odomNoise3 * dd2 + odomNoise4 * dy2);
11            Pose pose = getParticlePose(i);
12            double yaw = pose.getYaw();
13            double x = pose.getX() + dd * cos(yaw);
14            double y = pose.getY() + dd * sin(yaw);
15            yaw += dy;
16            setParticlePose(i, Pose(x, y, yaw));
17            double decayRate = relTransParam1_ * dd * dd
18                              + relTransParam2_ * dy * dy;
19            if (decayRate > 0.99999)
20                decayRate = 0.99999;
21            double rel = (1.0 - decayRate) * reliabilities_[i];
22            reliabilities_[i] = rel;
23        }
24    }
```

7.2.3 判断モデル

判断モデルの条件には，自己位置 $\mathbf{x}_t$，センサ観測値 $\mathbf{z}_t$，そして地図 $\mathbf{m}$ が与えられています。つまり，与えられた自己位置を基にセンサ観測値を座標変換し，地図と比較することで正誤判断を行うことができます。また，自己位置推定状態 s_t も条件として与えられていますので，推定状態，すなわち自己位置推定に成功（または失敗）しているという条件も与えられています。つまり，判断モデル $p(d_t|\mathbf{x}_t,s_t,\mathbf{z}_t,\mathbf{m})$ とは，自己位置推定に成功（または失敗）している場合において，使用する正誤判断分類器がどのような判断を行いやすいかといった確率分布を表したモデルとなります。

上述のとおり，正誤判断分類器にはさまざまな実装が考えられます。以下では，3 種類の正誤判断分類器の実装，および，それに対する判断モデルの実装方法を解説していきます。

〔1〕　**2 クラス分類を行う機械学習器を用いた判断モデル**　　正誤判断分類器は，自己位置推定に成功，または失敗しているかどうかの分類を実行します。通常，自己位置推定の正誤を何かしらの数理モデルに従って分類することは困難です。その中で，この正誤判断分類器を実

現する最もシンプルな方法は，機械学習を用いる方法といえます[†1]。例えば，自己位置推定に成功・失敗しているデータを集めたデータセットが存在するならば，2クラス分類を行う機械学習アルゴリズムを適用することで，正誤判断分類器を構築することができます。すなわちこの場合，正誤判断 d_t は $d_t \in \{0,1\}$ となります。

自己位置推定の正誤分類を行うにあたり，自己位置推定に成功している状態を**陽性**（positive），失敗している状態を**陰性**（negative）と表記します。このとき，分類においては**真陽性**（true positive），**偽陽性**（false positive），**真陰性**（true negative），**偽陰性**（false negative）という四つの事象が現れることになります。これらはそれぞれ以下の事象を表します。

- 真陽性：陽性を正しく陽性と判断
- 偽陽性：陰性を誤って陽性と判断
- 真陰性：陰性を正しく陰性と判断
- 偽陰性：陽性を誤って陰性と判断

これに対応する確率を式 (7.17) のように表記することとします。

$$\text{真陽性}: p_{\text{true}}(d_t = 1 | \mathbf{x}_t, s_t = \text{success}, \mathbf{z}_t, \mathbf{m}, \Theta) \tag{7.17a}$$

$$\text{偽陽性}: p_{\text{false}}(d_t = 1 | \mathbf{x}_t, s_t = \text{failure}, \mathbf{z}_t, \mathbf{m}, \Theta) \tag{7.17b}$$

$$\text{真陰性}: p_{\text{true}}(d_t = 0 | \mathbf{x}_t, s_t = \text{failure}, \mathbf{z}_t, \mathbf{m}, \Theta) \tag{7.17c}$$

$$\text{偽陰性}: p_{\text{false}}(d_t = 0 | \mathbf{x}_t, s_t = \text{success}, \mathbf{z}_t, \mathbf{m}, \Theta) \tag{7.17d}$$

ここで真（true）・偽（false）は，分類が正しく行われたかどうかを表しており，Θ は正誤判断分類器のパラメータを表します[†2]。今回の例では，Θ は学習器が獲得した重みパラメータのような値になります。なお，式 (7.17) に示す確率は，学習器が学習を終えた後に，あるテストデータに対して学習器を適用した際の結果を基に求めることができます。すなわち，オフラインで，ある定数値を獲得しておくということになります。

2クラス分類を行う学習器を用いた判断モデルによる，尤度計算の実装例をリスト **7.2** に示します。ALSEdu では，**AdaBoost**[50] を用いた正誤判断分類器を実装しています[†3]。predict が AdaBoost の予測値になります。式 (7.14) に示したとおり，判断モデルを用いた尤度計算を行う際には，自己位置推定状態 s_t に関する和，すなわち success と failure の状態の確率値を計算します。式 (7.17) からもわかるとおり，predict の値が1の場合は真陽性と偽陽性の値が用いられ，0の場合は偽陰性と真陰性の値がそれぞれ用いられます。

リスト **7.2** AdaBoost による判断モデルの尤度計算の実装例（include/AdaBoostClassifier.h）

```
1    double calculateDecisionModel(int predict, double *reliability) {
2        double pSuccess, pFailure;
3        if (predict == 1) {
```

```
4              pSuccess = truePositive_;
5              pFailure = falsePositive_;
6          } else {
7              pSuccess = falseNegative_;
8              pFailure = trueNegative_;
9          }
10         double rel = pSuccess * *reliability;
11         double relInv = pFailure * (1.0 - *reliability);
12         double p = rel + relInv;
13         if (p > 1.0)
14             p = 1.0;
15         *reliability = rel / (rel + relInv);
16         if (*reliability > 0.99999)
17             *reliability = 0.99999;
18         if (*reliability < 0.00001)
19             *reliability = 0.00001;
20         return p;
21     }
```

　　式 (7.14) に示したとおり，自己位置推定状態も判断モデルを用いて更新されます。リスト 7.2 の実装例では，判断モデルによる尤度計算と同時に，15 行目で信頼度 reliability も同時に更新しています。なお，reliability の値が 0 か 1 になると，以降，値が 0 か 1 にしかならなくなってしまいます。そのため，0 より大きく 1 より小さい値になるように実装していることに注意してください。

　　図 **7.3** に，2 クラス分類器を用いた判断モデルによる尤度計算の例を示します。図 (a) が陽性，図 (b) が陰性と判断した場合の尤度の結果です。式 (7.14) に示したとおり，判断モデルを用いた尤度計算には信頼度も用いられるため，信頼度に従って尤度の値をプロットしています。図から，信頼度が高いときに陽性と判断した場合や，信頼度が低いときに陰性と判断した場合に，尤度が高くなることがわかります。また TP，FP，TN，FN はそれぞれ真陽性，偽陽性，真陰性，偽陰性の確率を示します。真陽性や真陰性が高い場合，すなわち正誤判断分類器の性

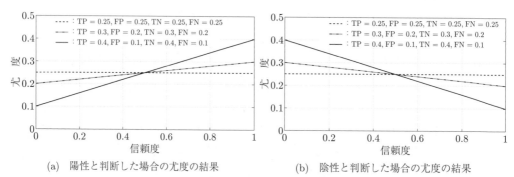

(a)　陽性と判断した場合の尤度の結果　　　　　(b)　陰性と判断した場合の尤度の結果

信頼度が高いときに陽性と判断した場合や，信頼度が低いときに
陰性と判断した場合に，尤度が高くなります。TP，FP，TN，FN
はそれぞれ真陽性，偽陽性，真陰性，偽陰性の確率を示します。

図 **7.3**　2 クラス分類器を用いた判断モデルによる尤度計算の例

能が高いほど，尤度の差が現れやすくなることがわかります。なお，これらの値がすべて 0.25 となった場合，すなわち分類が行えないような正誤判断分類器を用いた場合には，どの信頼度においても同じ尤度となるため，尤度の計算には寄与しないこともわかります。

〔**2**〕 **回帰を行う機械学習器を用いた判断モデル**　つぎに，クラス分類ではなく，回帰を行う学習器，すなわち正誤判断 d_t が連続値となる場合について考えます。今回は，$0 \leqq d_t \leqq 1$ となる場合について考えます。回帰の場合は分類を行わないため，式 (7.18) に示すとおり，各自己位置推定状態において，学習器が出力する値に関する確率分布をモデル化することになります。

$$p(d_t|\mathbf{x}_t, s_t = \text{success}, \mathbf{z}_t, \mathbf{m}, \Theta) \tag{7.18a}$$

$$p(d_t|\mathbf{x}_t, s_t = \text{failure}, \mathbf{z}_t, \mathbf{m}, \Theta) \tag{7.18b}$$

式 (7.18) に示す確率分布をモデル化する単純な方法は，ヒストグラムを用いることです。ALSEdu では，**多層パーセプトロン**（multilayer perceptron）[51] を用いた正誤判断分類器を実装しています。実装されている多層パーセプトロンの出力層にはシグモイド関数が適用されており，出力が 0〜1 となるようになっています。**図 7.4** には，この多層パーセプトロンを用いて式 (7.18) をモデル化した結果を示しています。式 (7.17) に示した確率を得たときと同様に，学習させた多層パーセプトロンにテストデータを適用させ，その際の出力をヒストグラムとして得ることでモデル化した結果となっています。図 (a) が自己位置推定に成功，図 (b) が失敗している状態に対する多層パーセプトロンによる正誤判断値のヒストグラムになります。自己位置推定に成功（失敗）している場合に，多層パーセプトロンの出力が 1（0）に多く現れることが確認できる一方で，全体的に出力がまばらに現れることも見て取れます。このようにモデル化しておくことで，多層パーセプトロンの出力が突発的にノイジーになったとしても，それがあり得ることだと考慮できるようになるため，結果として多層パーセプトロンの不確かさを考慮することが可能となります。

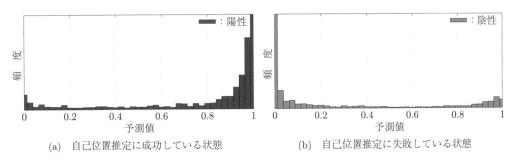

(a) 自己位置推定に成功している状態　　　　(b) 自己位置推定に失敗している状態

図 7.4　多層パーセプトロンによる正誤判断値のヒストグラム

図 7.4 に示すようなヒストグラムを用いた判断モデルによる尤度計算の実装例を**リスト 7.3**に示します。2，3 行目に示す `positivePredictsHistogram_` と `negativePredictsHistogram_` が，図 (a)，図 (b) のヒストグラムにそれぞれ対応したクラスとなります。`getProbability` メ

ソッドで，予測値 predict に対応した確率を取得します。なお，データ量によっては，ヒスト
グラムが不完全な場合もあるので，もし，ヒストグラムから得られた確率分布を使う場合でも，
ノイズを表現するようなモデルも考えてモデル化を行うほうが，安定性の面から見てよい場合
があることに注意してください。

リスト **7.3**　多層パーセプトロンによる判断モデルの尤度計算の実装例（include/MLPClassifier.h）

```
1    double calculateDecisionModel(double predict, double *reliability) {
2        double pSuccess = positivePredictsHistogram_.getProbability(predict);
3        double pFailure = negativePredictsHistogram_.getProbability(predict);
4        double rel = pSuccess * *reliability;
5        double relInv = pFailure * (1.0 - *reliability);
6        double p = rel + relInv;
7        // 略
8        return p;
9    }
```

図 7.5 には，上記の実装例に基づいて計算した尤度の分布図を示します。図 7.3 に示した結
果と同様に，信頼度が高いときに 1 に近い値を予測した場合や，信頼度が低いときに 0 に近い
値を予測した場合に，尤度が高くなることが確認できます。なお，この例は，図 7.4 に示した
ヒストグラムを用いて計算を行った例になります。

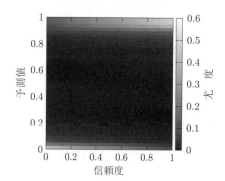

図 7.3 に示した結果と同様に，信頼度が高いと
きに 1 に近い値を予測した場合や，信頼度が低
いときに 0 に近い値を予測した場合に，尤度が
高くなることが確認できます。

図 7.5　回帰分類器を用いた判断モデルによる
尤度計算の例

　もし十分なデータセットが得られず，図 7.4 に示したようなヒストグラムを得られない場合
には，式 (7.19) に示す**ベータ分布**（beta distribution）を用いたモデル化を利用することも考
えられます。

$$p_{\text{true}}(d_t|\mathbf{x}_t, s_t, \mathbf{z}_t, \mathbf{m}) = \frac{d_t^{a-1}(1-d_t)^{b-1}}{B(a,b)} \tag{7.19}$$

ここで $B(\cdot)$ はベータ関数であり，a, b は正の任意パラメータです。ベータ分布の定義域は 0〜1 で
あり，母数 a, b の値を変えることで分布の形状を変えることができます。ただし，この場合でも，
ある程度，正誤判断分類器の性能を知る必要があるため，図 7.4 に示したヒストグラムのように，
何かしらの方法で性能を確認し，母数 a, b の値を調整する必要があることに注意してください。

〔**3**〕　**しきい値に基づく判断モデル**　〔2〕の機械学習のような方法を用いなくとも，何か
しらのパラメータを計算し，それに対するしきい値を設定して，正誤判断分類器を実装するこ

ともできます。このパラメータは，自己位置 $\mathbf{x}_t$，センサ観測値 $\mathbf{z}_t$，地図 $\mathbf{m}$ を用いて，つぎのように計算できるものとします。

$$d_t = f(\mathbf{x}_t, \mathbf{z}_t, \mathbf{m}) \tag{7.20}$$

そして，式 (7.20) のパラメータに対して，しきい値 d_{th} を設定し，正誤判断の分類を行います。つまり，真陽性，偽陽性，真陰性，偽陰性に関する分布をモデル化する必要があります。なお今回は，パラメータがしきい値以下の場合に陽性と判断，しきい値より大きい場合に陰性と判断することとします。

$$\text{真陽性：} p_{\mathrm{true}}(d_t \leq d_{\mathrm{th}} | \mathbf{x}_t, s_t = \mathrm{success}, \mathbf{z}_t, \mathbf{m}) \tag{7.21a}$$

$$\text{偽陽性：} p_{\mathrm{false}}(d_t \leq d_{\mathrm{th}} | \mathbf{x}_t, s_t = \mathrm{failure}, \mathbf{z}_t, \mathbf{m}) \tag{7.21b}$$

$$\text{真陰性：} p_{\mathrm{true}}(d_t > d_{\mathrm{th}} | \mathbf{x}_t, s_t = \mathrm{failure}, \mathbf{z}_t, \mathbf{m}) \tag{7.21c}$$

$$\text{偽陰性：} p_{\mathrm{false}}(d_t > d_{\mathrm{th}} | \mathbf{x}_t, s_t = \mathrm{success}, \mathbf{z}_t, \mathbf{m}) \tag{7.21d}$$

式 (7.17)，式 (7.18) と異なり，式 (7.21) の分布には可観測変数として Θ がなくなります。これは式 (7.20) にも示したとおり，パラメータ計算のために，学習された重みパラメータのようなものが使われないためです。

式 (7.21) に示した分布の具体例を示す前に，直観的な理解を助けるために，具体的なパラメータを先に定めます。ALSEdu では，単純な正誤判断分類器ともいえる，**平均絶対誤差**（mean absolute error）を用いた方法を実装しています。平均絶対誤差は式 (7.22) で計算されます。

$$\mathrm{MAE} = \frac{1}{K} \sum_{k=1}^{K} |e^{[k]}| \tag{7.22}$$

ここで $e^{[k]}$ は，k 番目の観測値と対応する地図上の障害物との**残差**（residual error）を表します。なお，一定値以上の残差は明らかに動的障害物を観測している可能性が高いといえるため，平均絶対誤差の計算には用いないようにします。平均絶対誤差に対してしきい値 $\mathrm{MAE}_{\mathrm{th}}$ を与え，平均絶対誤差がしきい値以下の場合を陽性，しきい値より大きい場合を陰性と判断する正誤判断分類器を用いることとします。

図 7.6 に，自己位置推定の成功（図 (a)）・失敗（図 (b)）状態を集めたデータセットにおいて，それぞれの状態に対して平均絶対誤差を計算した際の，平均絶対誤差のヒストグラムを示します。ヒストグラムの色が変わる境界の値が，平均絶対誤差のしきい値 $\mathrm{MAE}_{\mathrm{th}}$ になります。なお，この例では，しきい値は式 (7.23) のように定めています。

$$\mathrm{MAE}_{\mathrm{th}} = \frac{\overline{\mathrm{MAE}}_{\mathrm{success}} + \overline{\mathrm{MAE}}_{\mathrm{failure}}}{2} \tag{7.23}$$

これは，学習用データセットにおける自己位置推定成功状態の平均絶対誤差の平均値 $\overline{\mathrm{MAE}}_{\mathrm{success}}$

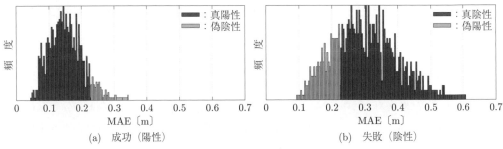

(a)　成功（陽性）　　　　　　　　(b)　失敗（陰性）

ヒストグラムの色が変わる境界が，平均絶対誤差に対して定
めたしきい値です。このしきい値を境として，真陽性，偽陰
性，真陰性，偽陽性の出現頻度を確認することができます。

図 **7.6**　自己位置推定の成功（陽性），失敗（陰性）状態における
平均絶対誤差のヒストグラム

と，失敗状態のその平均値 $\overline{\mathrm{MAE}}_{\mathrm{failure}}$ の平均をしきい値としていることを意味します[†]。真陽
性，偽陰性，真陰性，偽陽性のヒストグラムそれぞれを正規化することで，式 (7.21) に示した
確率分布をモデル化することができます。

リスト **7.4** に，平均絶対誤差を用いた判断モデルによる尤度計算の実装例を示します。4，
5，7，8行目に示す truePositiveMAEHistogram_，falsePositiveMAEHistogram_，false
NegativeMAEHistogram_，trueNegativeMAEHistogram_ が，それぞれ図に示す真陽性，偽
陽性，偽陰性，真陰性における平均絶対誤差のヒストグラムのクラスとなっています。また，
getProbability メソッドにより，与えられた平均絶対誤差 mae に相当する確率値を取得しま
す。なお，ヒストグラムに隙間がある場合や，想定より大きい，または小さい平均絶対誤差が
入力される場合を想定して，各確率値に最小の値を設定しています。

リスト **7.4**　平均絶対誤差を用いた判断モデルによる尤度計算の実装例（include/MAEClassifier.h）

```
 1    double calculateDecisionModel(double mae, double *reliability) {
 2        double pSuccess, pFailure;
 3        if (mae < failureThreshold_) {
 4            pSuccess = truePositiveMAEHistogram_.getProbability(mae);
 5            pFailure = falsePositiveMAEHistogram_.getProbability(mae);
 6        } else {
 7            pSuccess = falseNegativeMAEHistogram_.getProbability(mae);
 8            pFailure = trueNegativeMAEHistogram_.getProbability(mae);
 9        }
10        if (pSuccess < 10.0e-6)
11            pSuccess = 10.0e-6;
12        if (pFailure < 10.0e-6)
13            pFailure = 10.0e-6;
14        double rel = pSuccess * *reliability;
15        double relInv = pFailure * (1.0 - *reliability);
16        double p = rel + relInv;
```

[†]　このしきい値の決め方がよいということではなく，あくまで今回は一例としてこのようにしきい値を決め
たということに留意ください。

```
17          // 略
18          return p;
19      }
```

リスト 7.4 に基づいて計算された尤度分布を**図 7.7** に示します。図 (a) が自己位置推定成功時，図 (b) が自己位置推定失敗時の尤度分布になります。この尤度分布からも，自己位置推定に成功（失敗）している場合に，平均絶対誤差の値が小さく（大きく）なると，尤度が高くなることが見て取れます。また自己位置推定に成功（失敗）しているという条件であっても，信頼度が低い（高い）場合には，しきい値周辺の尤度が高くなっていることがわかります。図 7.6 からもわかるとおり，しきい値周辺にはデータが集まっています。つまり，これらのデータを反映し，しきい値周辺で曖昧な判断が起こり得るということを表現した尤度分布となっています。また，自己位置推定に成功していたとしても，平均絶対誤差が 0 になることはありません。そのため，信頼度が 1 の場合でも，平均絶対誤差が 0 なると尤度が小さくなることも確認できます。

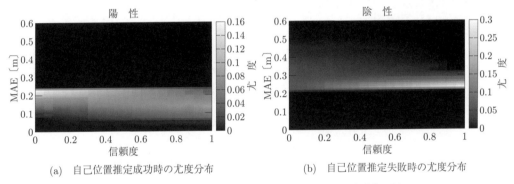

(a) 自己位置推定成功時の尤度分布　　　　　　　(b) 自己位置推定失敗時の尤度分布

図 7.7 平均絶対誤差を用いた判断モデルによる尤度計算の例

図 7.3，図 7.5，図 7.7 に示したように，どのような判断モデルを用いても，信頼度が高いときに自己位置推定に成功していると判断された場合，または，信頼度が低いときに自己位置推定に失敗していると判断された場合に，尤度が高くなることが確認できます。つまり，信頼度の高い（または低い）パーティクルに対して，正誤判断分類器が突発的に誤った判断を行ってしまったとしても，これによる尤度計算の影響を小さくすることができます。そのため，そのパーティクルが持つ自己位置推定状態に判断結果が反映されにくくなり，正誤判断分類器の突発的な誤った判断の影響を受けにくくする効果を付与することが可能になります。

7.3　信頼度付き自己位置推定の実行

7.3.1　正誤判断分類器の学習の実行

上述した正誤判断分類器のパラメータを学習するために，ALSEdu では，自己位置推定成功・失敗状態を集めたデータセットを作成するためのプログラムを用意しています。以下のコマン

ドを実行することで，データセットを作成することができます。

```
$ cd build/
$ ./REsDatasetGeneration ../maps/garage/ \
　 ../datasets/residual_errors/garage/
```

上記プログラムの実行の後には，datasets/residual_errors/garage/内の train と test の中に
データが生成されます。それぞれのディレクトリの中には，位置に関するファイル gt_poses.txt,
success_poses.txt, failure_poses.txt, スキャンデータのファイル scans.txt, および残差に関す
るファイル success_residual_errors.txt, failure_residual_errors.txt が生成されます。それぞれ
のファイルの行数は同じであり，同一の行のデータがそれぞれ対応したデータとなっています。

gt_poses.txt には，シミュレータから得られるロボットの姿勢の真値が記録されています。
success_poses.txt と failure_poses.txt は，自己位置推定成功・失敗状態の姿勢が記録されてい
ます。なお今回は，位置と角度の誤差がどちらもしきい値以内に収まっている状態を自己位置
推定に成功している，どちらかが超えている状態を失敗している状態として定めています。こ
の関係を図 **7.8** に示します。真値周辺から，位置に関して Δx, Δy, 角度に関して $\Delta \theta$ をしき
い値として設けます。位置誤差と角度誤差の両方がこのしきい値内に収まっている場合を自己
位置推定に成功している状態，収まっていない場合を失敗している状態として定めます。なお，
このような姿勢を作り出すために，真値に対してノイズを加えることで，自己位置推定成功・
失敗状態の姿勢を作成しています。

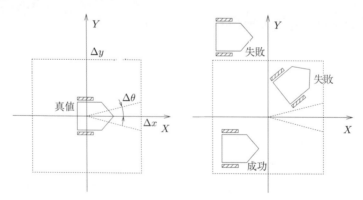

図 7.8　自己位置推定成功・失敗状態のしきい値

scans.txt は，シミュレートされたスキャンの距離データを記録しており，1 行のデータが
1 スキャンのデータとなります。success_residual_errors.txt と failure_residual_errors.txt は，
success_poses.txt と failure_poses.txt に記録されている姿勢を基にスキャンデータを座標変
換し，その際の各スキャン点に対応する残差の値を記録しています。scans.txt と success_
residual_errors.txt, failure_residual_errors.txt の列数は同一であり，同列の値が対応するス
キャンの距離データと残差になります。なお，残差の計算においては，4.3.3 項で述べた，尤度
場モデルの計算のために使用した距離場を用いています。すなわち，座標変換されたスキャン
点の位置に対応する距離場の値が，残差として記録されています。

データセットの構築が終わった後に，それぞれの正誤判断分類器のパラメータの学習を行います。以下のコマンドを実行することで，それぞれの正誤判断分類器の学習が行えます（平均絶対誤差を用いた場合は，学習ではなく式 (7.23) に示したしきい値を求めます）。

```
$ ./AdaBoostClassifierLearning ../datasets/residual_errors/garage/
$ ./MLPClassifierLearning ../datasets/residual_errors/garage/
$ ./MAEClassifierLearning ../datasets/residual_errors/garage/
```

これらはそれぞれ，datasets/residual_errors/garage/train/内のデータを用いて，正誤判断分類器のパラメータの学習を行います。そして，datasets/residual_errors/garage/test/内のデータを用いて，性能の検証を行い，判断モデルを実装するために必要なパラメータを求めます。それぞれの判断モデルを実装するために必要なパラメータは，classifiers/内の AdaBoost，MLP，MAE にそれぞれ格納されます。例えば，以下のコマンドを実行すると，図 7.6 と図 7.7 を確認することができます†。

```
$ cd classifiers/MAE/
$ gnuplot plot_histograms.gpt
$ gnuplot plot_mae_decision_likelihoods_positive.gpt
$ gnuplot plot_mae_decision_likelihoods_negative.gpt
```

classifiers/内には，AdaBoost と多層パーセプトロンのパラメータも格納されており，またこれらの表示用の gpt ファイルを用意しています。同様に gpt ファイルを引数にして gnuplot を実行することで，これらの判断モデルに関しても表示することができます。

7.3.2 実　　　　行

src/MCLRE.cpp に，信頼度付き自己位置推定が実装されています。リスト **7.5** に，その実装例を示します。まず MCLRE.cpp を編集し，**useAdaBoostClassifier** メソッドを呼び出すようにし，AdaBoost を用いた正誤判断分類器を利用できるようにします（11 行目を参照してください）。

リスト **7.5** 信頼度付き自己位置推定の実装例（src/MCLRE.cpp）

```
1    #include <stdio.h>
2    #include <stdlib.h>
3    #include <unistd.h>
4    #include <iostream>
5    #include <RobotSim.h>
6    #include <MCL.h>
7    #include <MCLRE.h>
8
9    int main(int argc, char **argv) {
10       // 略
11       mcl.useAdaBoostClassifier();
12       // mcl.useMLPClassifier();
13       // mcl.useMAEClassifier();
```

---

† データセットは乱数を用いて作成しているので，図 7.6 と図 7.7 は完全には一致しません。

```
14
15      double usleepTime = (1.0 / simulationHz) * 10e5;
16      while (!robotSim.getKillFlag()) {
17          int key = cv::waitKey(200);
18          robotSim.keyboardOperation(key);
19          robotSim.updateSimulation();
20          robotSim.plotSimulationWorld(plotRange, plotOdomPose, plotGTScan);
21
22          double linearVel, angularVel;
23          robotSim.getVelocities(&linearVel, &angularVel);
24          als::Scan scan = robotSim.getScan();
25
26          double deltaDist = linearVel * (1.0 / simulationHz);
27          double deltaYaw = angularVel * (1.0 / simulationHz);
28
29          // 信頼度付き MCL の実行
30          mcl.updateParticlesAndReliability(deltaDist, deltaYaw);
31          mcl.calculateMeasurementModel(scan);
32          mcl.calculateDecisionModel(scan);
33          mcl.estimatePose();
34          mcl.resampleParticlesAndReliability();
35          mcl.printMCLPose();
36          mcl.printEvaluationParameters();
37          mcl.printReliability();
38          mcl.writeMCLREResults(gtRobotPose);
39          mcl.plotMCLWorld(plotRange, scan);
40
41          usleep(usleepTime);
42      }
43      return 0;
44  }
```

プログラムをコンパイルしてから実行します。

```
$ cd build/
$ make
$ ./MCLRE ../maps/nic1f/
```

実行すると，図 5.3 に示した画面が現れます。

7.3.3　信頼度推定の結果

まず，静止している状態での結果を**図 7.9** に示します。図 (a) は，位置推定結果の誤差を示しています。約 5 秒程度まで，位置推定結果の誤差が変動していますが，これは初期状態でパーティクルをランダムにサンプリングしたことにより，そのリサンプリングが行われているためです[†]。リサンプリングが終わり，パーティクルが収束して以降は，ロボットが移動していないため，位置推定結果の誤差が変動しない状態となっています。図 7.8 に示した自己位置推定に失敗していると判断するしきい値ですが，この実験では，位置誤差 0.3 m，角度誤差 3° をしき

---

†　収束の速さは位置推定の更新周期に依存するため，もっと短い時間で収束させることも可能です。

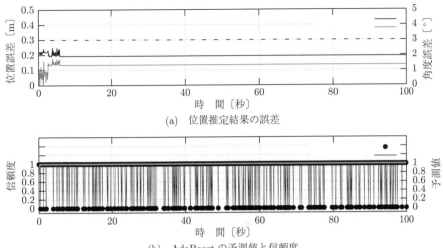

(a) 位置推定結果の誤差

(b) AdaBoost の予測値と信頼度

AdaBoost による出力はノイジーになっていますが，
自己位置推定結果の誤差はしきい値以下であり，信頼
度も 1 として正しく推定できています。

図 7.9 静止した状態での信頼度付き自己位置推定の結果

い値としています。位置，角度誤差ともに，しきい値以下となっていることが確認できます。

図 (b) は，最尤パーティクルの状態に基づいて出力された AdaBoost の予測値と，信頼度付き自己位置推定により推定された信頼度を表しています。AdaBoost による予測値は，かなりノイジーに変動していることがわかります。しかしながら，推定された信頼度はつねに 1（自己位置推定に成功していると判断）になっていることが確認できます。これは，判断モデルを用いてベイズフィルタによって信頼度を更新しているため，ノイジーな出力が入ったとしても信頼度が急変しないためです。

つぎに，急にロボットをジャンプさせる（強引に自己位置推定を失敗させる）状態を再現した結果を**図 7.10** に示します。図 7.10(a) は，自己位置推定結果の位置，角度誤差を表しています。10，30，50 秒でそれぞれロボットをジャンプさせています。また，20，40，60 秒でロボットを元の位置に戻しています。なお，これらの操作は，それぞれキー入力用のウインドウで「j（jump）」と「r（reset）」を押すことで再現できます。自己位置推定に失敗していると判断するしきい値は，同様に位置誤差 0.3 m，角度誤差 3° であり，ジャンプすることで，推定誤差がこのしきい値を超えていることが確認できます。

ロボットがジャンプし，自己位置推定結果の誤差が増大すると，信頼度が 0 になっていることが確認できます。特に 10～20 秒の間では，AdaBoost が 1 を出力（自己位置推定に成功していると判断）しても，信頼度が 0 であると推定されています。一方，今回使用した AdaBoost は，自己位置推定に成功している場合に，失敗していると判断（出力が 0 になる）になる傾向があることが確認できます。そのため，ロボットがジャンプした状態から，リセットされた状態に戻ったときに，即時に信頼度が 1 になることができません。しかしながら，時間が経過す

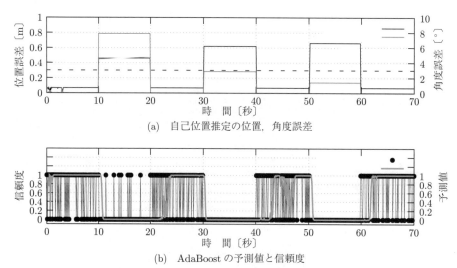

(a)　自己位置推定の位置，角度誤差

(b)　AdaBoost の予測値と信頼度

AdaBoost の出力はノイジーなものの，位置，角度誤差の増
大に合わせて，信頼度が増減していることが確認できます。

図 7.10　ロボットをジャンプさせて，自己位置推定に強引に失敗させた
状況での信頼度付き自己位置推定の結果

ると信頼度が 1 に戻っています。実用を考えると，これはきわめてよい機能であるといえます。今回，ロボットはシミュレーションなので，「j」と「r」を押すだけで，即座に移動しています。つまりロボットにとっては，「直前まで自己位置推定に失敗していたのに，急に自己位置推定に成功し始めた」という疑わしい状況が発生しているものとなります。その中で，「正誤判断分類器の性能も高いわけではないし，自己位置推定に成功しているか，まずは疑ってかかる」というような動作が実現できているといえます。これこそが，判断モデルを用いたベイズフィルタにより，信頼度を推定することの利点であるといえます。

7.3.4　性　能　限　界

図 7.10(b) の 40〜50 秒の結果を見るとわかりますが，自己位置推定に成功していたとしても，信頼度が 0 として推定される場合があります。これは，自己位置推定の正誤判断分類器として用いている AdaBoost の出力がノイジーであるためです。7.1.3 項でも述べましたが，本手法で用いている信頼度の解釈は，「使用する正誤判断分類器の統計的な性質を基に，オンラインで得られたその出力結果から，自己位置推定に成功しているかどうかを推定した確率」というものです。すなわち，使用する正誤判断分類器の正誤判断の性能が，信頼度の推定性能に大きく依存してしまいます。そのため，特に今回のようなノイジーな正誤判断分類器を用いた場合には，自己位置推定の正誤に合わせて，正しく信頼度を推定できない場合もあります。すなわち，正しく信頼度を推定したい場合は，やはり高性能な正誤判断分類器が要求されてしまいます。なお，著者が信頼度付き自己位置推定を提案した文献 8),9) では，深層学習を用いた正誤判断分類器を使用し，より高精度な信頼度推定を達成しています。

ただし，図 7.10(b) からも明らかですが，AdaBoost の出力を直接利用して自己位置推定の正誤判断を行うより，明らかに推定された信頼度のほうが安定していることが確認できます。繰り返しになりますが，これが可能になるのは，正誤判断分類器の出力を可観測変数と仮定し，信頼度をベイズフィルタによって推定しているためです。どれだけ正誤判断分類器を高精度に構築できたとしても，誤判断が行われないという保証はできません。実際，文献 8),9) で用いた深層学習を用いた正誤判断分類器であっても，誤判断は発生しています。そのため，本章で解説した手法により信頼度を推定するほうが，より安定して自己位置推定結果の正誤を理解することができます。

7.4　関　連　研　究

文献 1) では，MCL による自己位置推定の失敗を検知する方法として，augmented MCL を紹介しています[22]。augmented MCL では，尤度の履歴を監視することで，自己位置推定に失敗しているかどうか，すなわちパーティクル群が誤収束しているかどうかを判定します。この際，短期履歴と長期履歴のどちらを優先するかをパラメータにより決定でき，これにより，突発的な尤度の低下に対して，即座に自己位置推定に失敗していると判断するのを防ぐことができます。本章で解説した手法も，判断モデルを用いて尤度計算を行うことで，そのような効果を付与することができます。しかし，augmented MCL のような経験的に設定するパラメータが存在しないため，この点で augmented MCL に対して利点があるといえます。

また，augmented MCL は尤度の履歴に基づいて失敗を検知するため，観測モデルが矛盾するような環境での性能は保証できないといった問題があります。一方，本章で解説した手法では，失敗検知の性能は自己位置推定の正誤判断分類器の性能に強く依存します。この正誤判断分類器は，機械学習を用いて実装することも可能であり，観測モデルと比べより柔軟に設計することが可能です。例えば，観測モデルの計算のためには，観測の独立性を仮定して因数分解を行うことが必須ですが，これは実際の環境で適切な仮定ではありません。一方，例えば畳込みニューラルネットワークなど用いて正誤判断分類器を構築した場合には，観測値の関係性を暗黙的に獲得することも可能となり，観測の独立性の仮定による制約を受けません。

augmented MCL は，自己位置推定に失敗していると判断した場合に，失敗状態から復帰するために，どの程度のパーティクルを新たに生成すべきかといった指標も提供します。一方で本章で解説した手法には，この機能は備わっていません。またどちらの手法も，復帰のためにどのようなパーティクルを生成すべきかといった指標を提供するすべを持っていません。これに関しては，9 章で解説します。

位置推定の失敗状態を検知するために，冗長的な位置推定システムを利用する取組みも報告されています[52],[53]。しかしながら，これらは多数決的な方法で位置推定の成功・失敗を検知するものであり，どの推定結果が正しいといった明示的な結果を推定するものではありません。

一方で，本章で解説した手法は，ある自己位置推定機能に対して，明示的に信頼度を与えます。また，自己位置および信頼度の推定を同一の外界センサを用いて行うことができますので，冗長的なシステムを組む必要がなくなります。

　近年では，機械学習を用いて自己位置推定を行う方法や，自己位置推定推定の成功・失敗を判断する方法が提案されています。Kendall らによって発表された PoseNet は，自己位置推定に深層学習を用いる先駆け的な研究であったといえます[54]。この例を境に，自己位置推定における諸問題に機械学習を取り入れる例が増えていったように見受けられます。Almqvist らは，点群位置合わせが正しく行えているかどうかを判断させるにあたり，機械学習を含め，さまざまな方法での比較を行いました[55]。その結果，AdaBoost を用いた手法により，位置合わせの正誤が精度よく分類できることを確認しました。なお，この比較には，深層学習を用いた方法は含まれていません。

　Zhen らは，Localizability という用語を提案しています[56]。これは観測できる点群の法線ベクトルの分布を見ることで，その環境で自己位置推定を行った際に，どれだけ位置を拘束できるか調べるような方法です。Nobili らは，Localizability の考えを基に，Alignability という用語を定義しています[57]。これも基本的には，Localizability と同様のアイディアに基づいています。さらに Nobili らは，Alignability と点群どうしの重なり率を基に，サポートベクターマシンの学習を行い，Alignment Risk を予測する方法を提案しています。これにより，点群位置合わせがうまく行えるかといった予測を行っています。Alsayed らは，2 次元の LiDAR を用いた SLAM の成功・失敗条件を記述する特徴を作成し，その特徴に基づいた機械学習を利用することで，SLAM に成功・失敗しているかを判断する方法を提案しています[58]。また，多層パーセプトロンを用いて SLAM の誤差を修正する方法も提案しています[59]。このような自己位置推定に関連する失敗を検知するために機械学習を用いる方法は，GNSS を用いた方法においても見ることができます[60]。

　上述のように，自己位置推定に関連する問題に，機械学習を適用する試みは多くあります。しかしその多くは，「機械学習を適用した」という例に留まっています。本章で解説した手法の特徴は，機械学習を用いて実現することのできる自己位置推定の正誤判断分類器を，確率モデルの中に組み込み，その不確かさにも対応できるようにした点にあります。今後，機械学習の応用が広がるに際しても，本章で解説したような手法を考えることが重要になっていくと考えています。

7.5　ま　と　め

　本章では，自己位置推定結果の信頼度を同時に推定することができる自己位置推定方法について解説しました。また，4 章で解説した通常の自己位置推定問題を解くだけでは，信頼度を知ることができない点についても解説しました。この方法では，自己位置推定の正誤判断を行

う分類器を使用します。この正誤判断分類器にはさまざまな実装方法があり，本章では，2ク
ラス分類を行う機械学習，回帰を行う機械学習，しきい値に基づいて分類する方法についてそ
れぞれ解説しました。実験では，2クラス分類を行う機械学習を用いる正誤判断分類器として
AdaBoostを用い，正誤判断分類器を単体で使う場合は正誤判断の分類がノイジーになるもの
の，信頼度付き自己位置推定を用いることで，安定して信頼度が推定できることを確認しまし
た。これは，正誤判断分類器の判断のしやすさをモデル化したもの，すなわち判断モデルに基
づき，自己位置推定に用いるパーティクルの尤度計算，かつ信頼度更新を行っているためです。

　なお，本章でいう信頼度の解釈は，「使用している正誤判断分類器の統計的性質を基に，現在
の推定位置が自己位置推定に成功しているといえる確率」となります。そのため，あくまで正
誤判断分類器の性能に基づいた信頼度であり，確実に自己位置推定の正誤を識別するものでは
ありません。しかし，このような自己位置推定結果の善し悪しを明示的に与えることは，自動
走行などの安全性を保証するうえで，今後，必須の技術になると著者は考えています。

8 センサ観測値と地図間の誤対応認識

本章では，自己位置推定に失敗してしまった結果生じる，センサ観測値と地図との間の誤対応を認識する方法，およびこの誤対応認識の結果に基づいて自己位置推定の失敗を検知する方法について解説します。

誤対応認識では，未知変数全結合型のマルコフ確率場というモデルを用います。この全結合により，「センサ観測値全体の関係性」を考慮することが可能になります。このセンサ観測値全体の関係性を考慮するということが，従来の自己位置推定法では実現できなかったことであり，これにより誤対応認識が可能になります。前章で述べた方法でも，自己位置推定の正誤判断を行いますが，この方法では，機械学習やしきい値などを用いて暗黙的に行う方法を考えていました。本章で述べる方法は，誤対応認識を詳細にモデル化するということを目標とし，そこから自己位置推定の失敗を明示的に考えるという点で異なります。

さらに本章では，自己位置推定を行うにあたり用いられる観測の独立性の仮定について，詳細を解説します。この仮定を十分に理解することが，本章で述べる手法の効果をより理解するために役立ち，さらには自己位置推定が抱える根本的な課題の理解にもつながります。本章の最後では，関連する研究についてもまとめます。

8.1 観測の独立性

本章で紹介する方法の利点は，「観測値全体の関係性を考慮できること」です。このことが，どれだけ自己位置推定問題において重要かを理解するために，まずは観測の独立性について理解する必要があります。結論から述べると，観測の独立性に関して以下のことがいえます。

- 自己位置推定問題を解く（観測モデルを計算する）ためには，観測の独立性の仮定が不可欠となる
- 観測の独立性を仮定することで，観測値はそれぞれ独立したもの（たがいに影響を与えないもの）と考えられてしまうため，結果として，観測値と地図を照合する際に観測値全体の関係性が考慮できなくなる

つまり，観測の独立性の仮定は自己位置推定問題を解くのに不可欠であるのですが，この仮定を導入したことにより，観測値全体の関係性が考慮できなくなってしまうのです。このことから著者はよく，「観測の独立性を仮定することが自己位置推定問題における諸悪の根源であり，その仮定の必要性を消し去れないことが，自己位置推定の限界」と喩えたりしています。

8.1.1　観測の独立性を仮定することの必要性

　観測の独立性を仮定する必要性を理解するために，独立性を仮定せずに観測モデルを構築することを考えてみます。4.3.2 項で説明したビームモデルを考える際には，1 本のレーザビームを飛ばした際の事象について考え，式 (4.15) を導出しました。1 本のレーザビームを単独で考える際にはこれでよいのですが，2 本のレーザビームに対する事象を考えるとなると，これではいけません。

　例えば図 8.1(a) に示すような，2 本のレーザビームが隣接する場所を通過する場合を考えます。この場合，片方のレーザビームが地図にない障害物を観測したとすると，もう片方のレーザビームも同じ障害物を観測する可能性が高いといえます。多くの障害物は連続的な形状を持つため，このように考えるのは妥当です。しかし，片方のレーザビームはその障害物を観測せずに透過したとします（図 (b)）。これは，片方のレーザビームが雨粒に当たる場合や，柵やフェンスなどの隙間のある障害物を観測する現象であり，実環境では十分に起こり得る事象です[†]。

(a)　隣接するレーザビームが　　(b)　隣接するレーザビームが同一
　　同一障害物を観測する場合　　　　　障害物を観測しない場合

2 本のレーザビームが同じ障害物を観測する可能性は，きわめて高いといえます。しかし当然ですが，同じ障害物を観測するかどうかは障害物の形状によるので，片方は障害物を観測し，もう片方は通過してしまう場合もあります。

図 8.1　2 本のレーザビームが隣接する場所を通過する場合

　これらの例が意味していることは，「2 本のレーザビームの観測が，たがいの観測をモデル化するのに影響し合う」という状況が起こることを意味しています。つまり，1 本目のレーザビームの観測を基に，2 本目のレーザビームの観測がモデル化でき，またその逆で，2 本目の観測を基に，1 本目の観測もモデル化できるということです。結果として，このような観測は，式 (4.15) に示したような単純な形でのモデル化ができないということになります。もし仮に 2 本のレーザビームでの観測がモデル化できたとしても，同時に 3 本，4 本，…，と増えていけば，きわめて複雑なモデル化を行う必要があることが容易に想像できます。

　もし仮に，すべてのレーザビームの観測を同時にモデル化可能であるとした場合も考えてみましょう。図 8.1 で述べたような複雑な関係性は，式 (4.15) のような数式を使って表現することは不可能です。そのため，1 本のレーザビームが計測できる最大距離 d_{max} をある解像度 d_{reso} で分割し，それをレーザビームの本数分 K を同時に考慮する必要が出てきます。これはすなわち，K 次元空間でのグリッドマップを考えるようなものであり，$\lceil d_{\mathrm{max}}/d_{\mathrm{reso}} \rceil^{K}$ 次元のデー

[†]　地図構築の仕方にもよりますが，柵やフェンスはレーザビームが通過してしまうことも多く，占有格子地図に残らない場合もしばしばあります。

タを扱う必要がでてきます。ここで，$[\cdot]$ は天井関数です。もし $d_{\max} = 30\,\mathrm{m}$，$d_{\mathrm{reso}} = 0.1\,\mathrm{m}$，$K = 100$ であった場合，300^{100} 次元でモデル化を行わなければなりません。当然，これは，現実的に行えるモデル化ではありません。しかし，もし独立性を仮定して因数分解を行えば，300次元でのモデル化を 100 回行えばよいだけになります。

　つまり，観測の独立性を仮定しないと，現実的でない複雑なモデル化が要求されますし，もしそのモデル化が可能であったとしても，現実的でない高次元空間でのモデル化が要求されることになります。しかし，観測の独立性の仮定を用いることで，これらの問題を解決することが可能になります。つまり，自己位置推定問題を解くためには，観測の独立性の仮定が不可欠となっているのです。なお，ICP スキャンマッチングなどで，観測点群と地図点群から，それぞれ対応点を一つずつ選ぶという動作も，観測の独立性を仮定したために実行できる動作になります。

8.1.2　観測の独立性を仮定することの問題

　式 (4.10) に示したとおり，観測の独立性を仮定することで，観測モデルの因数分解が可能になります。当然ですが，積を計算するにあたり，演算の順序を変えても結果は変わりません。つまり，因数分解された観測モデルでは，「観測値の順序は考慮できていない」ということになります。観測値の順序が考慮できなくなるということは，隣接する観測値の関係性が考慮できないということであり，「人間のように俯瞰して観測値と地図の比較ができていない」ということを意味します。これはつまり，観測モデルによる尤度の計算とは，スキャン点一つひとつを得られる確率が高い位置を，多数決的に選択している，というような理解になります。多数決でしかないため，全体を俯瞰する大局的な視点が含まれないことになります。そのため，観測モデルの計算結果を基に，観測値と地図間の誤対応を認識することや，自己位置推定の失敗を認識することが困難になるのです。

　図 8.2 に，自己位置推定の失敗例を示します。われわれ人間は自己位置推定結果を俯瞰することができるので，地図と観測値の「形状」を見比べ，対応すべき箇所が正しく対応していないということが容易に理解できます。ここでいう「形状を理解する」ということが，「隣接する観測値間の関係を正しくとらえている」ということに相当します。しかし，観測の独立性を仮

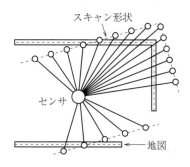

レーザスキャンは不連続な点群を計測しますが，われわれ人間はこれを俯瞰し，隣接するスキャンの関係性（スキャン点を結ぶ点線のようなもの）を把握することができます。

図 8.2　自己位置推定の失敗例

定したために，観測値の順番が無視され，この関係性は考慮できなくなってしまっています。

「観測値と地図の間に生じる誤対応を認識する」というと，われわれ人間からすればきわめて単純な行為です。しかし，ロボットにこれを行わせることは，観測モデルに頼った方法では実現できません。本節で行った解説は，少し抽象的ではあります。しかし，これを理解しないと，自己位置推定，特に観測モデル構築に関する限界が理解できず，結果として，誤対応認識を行うことの価値も理解できなくなってしまいます。

なお，「直線などの形状的な特徴量を照合させれば，観測値の関係性を考慮しているのではないか」とよく質問されます。しかし，結局，直線を 1 本 1 本対応させることを考えると，「直線どうしの関係性」を考慮できていないことになります。そのため，局所的には直線という関係性を考慮できているのですが，結局，全体の関係性を考慮していることにはなりません。

8.1.3　観測の独立性の仮定の正しさ

8.1.1 項のとおり，自己位置推定問題を解くためには，観測の独立性の仮定が不可欠なのですが，せっかくなのでこの仮定が妥当かどうかについても解説しておきます。なお結論からいうと，観測の独立性の仮定は，「環境が静的な場合は正しく，動的な場合は正しくない」ということになります。

確率論において独立とは，「たがいの試行の結果が影響しないこと」を意味します。つまり，A という試行の結果が B という試行に影響を与えないことを意味します。例としてわかりやすいのはサイコロです。いま，1 回目のサイコロを投げる事象を A とし，2 回目のサイコロを投げる事象を B とします。明らかに想像できますが，A の出目がいくつになったとしても，その結果は B の出目に影響を与えません。このような事象を独立であるといいます。なお，センサを使った観測の例において，独立をより正確に述べると，「たがいの観測値に加わるノイズの要因が関係しない事象」を独立といいます。

もう一度，図 8.1 に示した隣接地点を通過する 2 本のレーザビームが観測する事象について考えてみます。ここで，それぞれのレーザビームが観測する事象が A，B となります。もし環境が静的であり，「センサは絶対に地図上にある障害物しか観測しない」と仮定すると，A と B のどちらも地図上の物体を観測すると仮定できます。つまり，図 8.1 で述べたようなレーザビームが，たがいの観測のモデル化に影響を与えるということを考える必要がなくなり，それぞれの角度でレーザを飛ばした際に，地図上のどの障害物を観測するかだけ考えるのみでよいことになります。そして，この際に考える観測に加わるノイズは，式 (4.11) で考えたような，正規分布から発生するノイズのみとなります。このノイズは，各観測において独立して生成されているノイズと考えることができます。そのため，A と B は独立であると考えて問題ないことになります。

一方で，環境が動的な場合を考えると，図 8.1 にも示したとおり，複数のレーザビームが同一の動的な障害物を観測することが起こります。もしこの障害物が，センサと地図上の障害物

との間に存在した場合，得られる観測値は，地図上での幾何的関係を基に予測される観測値よりも短くなります。そして，この「観測値が短くなる」という影響を与えたもの，すなわちノイズの要因が，上述の動的な障害物となります。これはつまり，各観測値に加わるノイズの要因が同一であるということを意味しており，観測事象 A と B がたがいに独立していないということを意味します。

自己位置推定を行う環境は，多くの場合，動的な環境です。そのため，実際に観測の独立性を仮定することは正しいとはいえないのです。しかし 8.1.1 項で述べたとおり，観測の独立性を仮定しない限り，自己位置推定問題を解くことはできません。つまり自己位置推定とは，「観測の独立性が成り立たない環境の中で，強引にその独立性を仮定し，解ける問題へ帰着させたものである」と解釈できます。これはつまり，自己位置推定の性能を保証することが困難であるという限界を示しているともいえます。

少し余談となりますが，なぜ独立性の仮定が正しくない環境の中で，独立性を仮定した自己位置推定が行えるかというと，観測モデルが「それなりの妥当性」を持っているからです。式 (4.15) のビームモデルが示したように，ビームモデルは動的な障害物の観測を想定しています†。そのため，たがいの観測間の関係を考慮したモデルとなっていなくとも，観測としてあり得る可能性を含んだものとなっているため，実環境でも破綻しないで機能することができるのです。しかし当然ながら，あまりにもその想定と環境が乖離した場合には，自己位置推定に失敗してしまいます。これこそが，環境変化による自己位置推定が失敗することの本質になります。

8.1.4　自己位置推定の性能保証の観点から見た SLAM の重要性

多くの場合，SLAM では，整合性の取れた地図を構築することを目的としています。そのため，SLAM により正確な地図を事前に構築し，自律移動を行う際には，構築した地図を基に自己位置推定を行う，というのが一般的に行われています。しかし，もし自律移動の際にも SLAM を行い，地図が更新できるとすると，それは上述する自己位置推定問題が抱える限界を超えるために役立ちます。

前項で述べたとおり，観測の独立性が成り立つ環境は静的な環境です。しかし，これをより丁寧にいえば，「実環境と地図の状態が同じ環境」といえます（もちろん多少の誤差は考慮できるので，厳密に地図と環境が一致している必要はありません）。つまり，環境の動的な変化に合わせて地図を更新し，毎回，地図上に存在する物体のみを観測できると仮定すると，観測の独立性を仮定しても問題なくなり，結果として，誤対応認識や自己位置推定の失敗検知もきわめて簡単な問題となります。その意味では，モデリングの観点からの妥当性を保ち，自己位置推定の性能保証を実現したい場合には，SLAM をオンラインで行うことが必須となります。しか

---

† ランダムな観測をモデル化した $p_{\mathrm{rand}}(\cdot)$ の存在もきわめて大きく，式 (4.18) に示した尤度場モデルが動的な環境で機能するのはこのおかげです。式 (4.18) において，$z_{\mathrm{rand}} = 0$ とすれば，尤度場モデルを用いた自己位置推定は，動的環境でまったく機能しなくなります。

し当然ですが，地図の更新に失敗すれば，その地図に基づいて自己位置推定を行うため，自己位置推定も失敗することになります。

システムが正しく機能する確率は，構成されるモジュールが正しく機能する確率の積により評価されます。そのため，自己位置推定が正しく機能する確率が90％，地図構築が正しく機能する確率が90％とすると，SLAM自体が正しく機能する確率は81％に低下してしまいます。地図構築は，オフラインで，人の監視のある状況で行えばよいですが，人の監視のない自律移動の際に安定性が下がってしまうことは，好ましくない現象です。さらに当然ですが，SLAMを実行するということは，自己位置推定単体を実行するよりも高い計算・メモリコストが要求されます。このような問題もあるため，SLAMを使うことが必ずしもよいわけではない，ということを頭に入れておくのはよいことかと思います[†1]。

8.2 センサ観測値全体の関係性を考慮した誤対応認識

前節のとおり，自己位置推定を実行するためには，観測の独立性を仮定することが必要不可欠です。そしてこれにより，観測値全体の関係性が考慮できなくなります。本節では，この問題を，未知変数全結合型のマルコフ確率場を導入することで解決し，高精度な誤対応認識を実現させます。なお，本手法は，自己位置推定とは別プロセスで実装され，自己位置推定の結果を基に，推定に失敗しているかどうかの検知を行うことを目的とした方法であることに注意してください。

8.2.1 未知変数全結合型のマルコフ確率場のグラフィカルモデル

図 8.3 に，未知変数全結合型のマルコフ確率場のグラフィカルモデルを示します。このモデルは，図 3.6 に示した一直線のマルコフ確率場と比べて，(1) 未知変数 $\mathbf{y}^{[k]}$ が他のすべての未知変数との間にリンクを持つ，(2) 各未知変数が可観測変数 $e^{[k]}$ とリンクを持つ，ということが異なります[†2]。なお，$\mathbf{y}^{[k]} = ({}^{1}y^{[k]}, {}^{2}y^{[k]}, \cdots, {}^{L}y^{[k]})^{\top}$，${}^{l}y^{[k]} \in \{0, 1\}$，$\sum_{l=1}^{L} {}^{l}y^{[k]} = 1$ とな

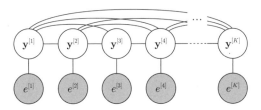

図 8.3 未知変数全結合型のマルコフ確率場の
グラフィカルモデル

[†1] 6章で述べた手法を開発した背景には，できるだけ地図を更新しなくとも，地図にある物体からの観測値を可能な限り選別することで，自己位置推定の頑健性を向上させるというモチベーションもありました。

[†2] 本来，未知変数と可観測変数の間には，未知変数から可観測変数に向かう有向リンクが存在していますが，モラル化を行うことにより，無向リンクとすることができます。有向リンクと無向リンクが存在するグラフは連鎖グラフと呼びますが，モラル化により，ノードの増減なく無向リンクへ変換することができるため，マルコフ確率場と呼んでいます。モラル化に関しては文献 17) に見られます。

ります。この表現方法を **1-of-K 符号化法**（one-hot representation）と呼びます。

式 (3.39) に示したとおり，マルコフ確率場が表す確率分布は，極大クリーク c を構成する変数集合 $\mathbf{x}_c$ 上のポテンシャル関数 $\psi_c(\mathbf{x}_c)$ の積として定められます。図に示すマルコフ確率場が持つ極大クリークは，(1) 全結合した未知変数がなすクリーク $Y = \{\mathbf{y}^{[1]}, \mathbf{y}^{[2]}, \cdots, \mathbf{y}^{[K]}\}$ と，(2) 各未知変数と可観測変数がリンクしたクリーク $\{\mathbf{y}^{[k]}, e^{[k]}\}$ となります。これらに対応するポテンシャル関数をそれぞれ $\psi_Y(\cdot)$, $\psi_k(\cdot)$ とすると，求める確率分布 $p(Y|\mathbf{e})$ は式 (8.1) のようになります（$\mathbf{e} = (e^{[1]}, e^{[2]}, \cdots, e^{[K]})^\top$ は可観測変数なので条件変数となります）。

$$p(Y|\mathbf{e}) = \frac{1}{Z}\psi_Y(Y)\prod_{k=1}^{K}\psi_k(\mathbf{y}^{[k]}, e^{[k]}) \tag{8.1}$$

式 (3.41) にて，ポテンシャル関数をボルツマン分布によって表現する方法を紹介しました。しかしポテンシャル関数は，確率としての制約を満たすのであれば，設計者が自由に設計することができます。式 (8.1) における $\psi_k(\mathbf{y}^{[k]}, e^{[k]})$ は，実態としては式 (8.2) のような尤度ベクトルとなります。

$$\mathbf{l}^{[k]} = p(e^{[k]}|\mathbf{y}^{[k]}) = \begin{pmatrix} p(e^{[k]}|^1 y^{[k]}) \\ \vdots \\ p(e^{[k]}|^L y^{[k]}) \end{pmatrix} \tag{8.2}$$

そのため，$\{\mathbf{y}^{[k]}, e^{[k]}\}$ がなす極大クリークのポテンシャル関数は，式 (8.3) のように尤度で表現することとします。

$$p(Y|\mathbf{e}) = \frac{1}{Z}\psi_Y(Y)\prod_{k=1}^{K}p(e^{[k]}|\mathbf{y}^{[k]}) \tag{8.3}$$

8.2.2 定 式 化

式 (8.3) が，本手法により求めるべき事後分布となります。ここで，$p(Y|\mathbf{e})$ から周辺化を行い，$p(\mathbf{y}^{[k]}|\mathbf{e})$ を求めることを考えます。式 (3.48) で示したように，周辺分布は対象としている変数以外の和を取ることで求めることができます。

$$p(\mathbf{y}^{[k]}|\mathbf{e}) = \frac{1}{Z}\sum_{\mathbf{y}^{[1]}}\cdots\sum_{\mathbf{y}^{[k-1]}}\sum_{\mathbf{y}^{[k+1]}}\cdots\sum_{\mathbf{y}^{[K]}}p(Y|\mathbf{e}) \tag{8.4}$$

式 (8.4) では，$\mathbf{y}^{[k]}$ 以外の未知変数の和を計算しています。

簡単のために，まず**図 8.4** に示すように，未知変数を全結合するリンクを排除した例を考えます。これは，図 3.6 に示したマルコフ確率場の周辺分布 $p(x_n)$ が，式 (3.60) で計算されたように，以下のように計算できます（$\otimes$ はアダマール積です）。

$$p(\mathbf{y}^{[k]}|\mathbf{e}) = \frac{1}{Z}\mathbf{l}^{[k]} \otimes \boldsymbol{\mu}_\alpha(\mathbf{y}^{[k]}) \otimes \boldsymbol{\mu}_\beta(\mathbf{y}^{[k]}) \tag{8.5}$$

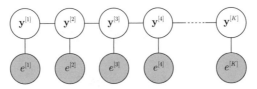

図 8.4 未知変数の全結合リンクを排除した
マルコフ確率場のグラフィカルモデル

図 3.6 と比較すると，可観測変数 $e^{[k]}$ が増えているため，式 (8.5) では，その分，尤度ベクトルが追加された形となっています。つまり全結合のリンクが存在しない場合には，周辺分布は一意的に求めることができます。

しかしながら，全結合のリンクが存在する場合には，一意的に周辺分布を求めることができません。全結合のリンクが存在しない場合には，無向グラフが有する条件付き独立性を利用し，ポテンシャル関数を因数分解することができました。その結果として，式 (3.60) や式 (8.5) に示したような一意的な解を求めることができました。今回は，未知変数が全結合している場合，つまり未知変数間にループとなる経路が存在している場合を考えているため，このような一意的な計算結果を得ることができません。しかし幸いにも，式 (3.60) や式 (8.5) に示したような，未知変数間をメッセージが伝わり，未知変数が更新されていくという方法を繰り返し行うことで，未知変数の持つ確率分布が収束していく場合があります[†1]。このような方法で事後分布を求める方法を**ループあり確率伝播**（loopy belief propagation）と呼びます[†2]。

ループあり確率伝播を実行するためには，まずループを構成するすべてのノードがメッセージを発信できる状態になる必要があります。このために，まずすべての未知変数 $\mathbf{y}^{[k]}$ が，リンクしているすべてのノードからメッセージを受信する必要があります。

$$p(\mathbf{y}^{[k]}|\mathbf{e}) \leftarrow \frac{1}{Z}p(\mathbf{y}^{[k]}|\mathbf{e}) \otimes \mathbf{l}^k \otimes \boldsymbol{\mu}_{1 \rightarrow k}(\mathbf{y}^{[1]}) \otimes \cdots \otimes \boldsymbol{\mu}_{k-1 \rightarrow k}(\mathbf{y}^{[k-1]})$$
$$\otimes \boldsymbol{\mu}_{k+1 \rightarrow k}(\mathbf{y}^{[k+1]}) \otimes \cdots \otimes \boldsymbol{\mu}_{K \rightarrow k}(\mathbf{y}^{[K]}) \tag{8.6}$$

式 (8.6) において，$\boldsymbol{\mu}_{i \rightarrow k}(\mathbf{y}^{[i]})$ は，$\mathbf{y}^{[i]}$ から $\mathbf{y}^{[k]}$ へのメッセージであり，以下のように計算されます。

$$\boldsymbol{\mu}_{i \rightarrow k}(\mathbf{y}^{[i]}) = \psi_{i,k}(\mathbf{y}^{[i]}, \mathbf{y}^{[k]})\mathbf{l}^{[i]} \tag{8.7}$$

式 (8.7) において $\psi_{i,k}(\cdot)$ は，$\{\mathbf{y}^{[i]}, \mathbf{y}^{[k]}\}$ が構成するクリーク上のポテンシャル関数です。

これで，メッセージを送信するための初期化が完了します。後は，式 (8.8) に従い，未知変数の確率分布が収束するまで，もしくは一定回数の更新を繰り返し実行します。

$$p(\mathbf{y}^{[k]}|\mathbf{e}) \leftarrow \frac{1}{Z}p(\mathbf{y}^{[k]}|\mathbf{e}) \otimes \psi_{i,k}(\mathbf{y}^{[i]}, \mathbf{y}^{[k]})p(\mathbf{y}^{[i]}|\mathbf{e}) = \frac{1}{Z}p(\mathbf{y}^{[k]}|\mathbf{e}) \otimes \boldsymbol{\mu}'_{i \rightarrow k}(\mathbf{y}^{[k]}) \tag{8.8}$$

[†1] 厳密にどの場合で収束する，しないという解説は困難ですが，今回の方法であれば収束するといえます。
[†2] 伝播を「でんぱん」と呼ぶ方もいますが，これは間違いであり，正しくは「でんぱ」になります。なお「でんぱん」は「伝搬」と書かれます。

8.3　誤対応認識の実装

8.3.1　グラフィカルモデルにおける変数の物理的意味

本章で述べる手法の目的は，センサ観測値が地図と誤対応しているかどうかを認識することです。つまり推定したいことは，あるセンサ観測値 $\mathbf{z}^{[k]}$ が，地図と誤対応しているかといった「属性」になります。これを表す変数として，$\mathbf{y}^{[k]}$ を用います。上述のとおり，$^l y^{[k]} \in \{0,1\}$，$\sum_{l=1}^{L} {}^l y^{[k]} = 1$ であり，$^l y^{[k]} = 1$ のときに，$\mathbf{z}^{[k]}$ が l に対応する属性となっているということを表すものとします。ここで誤対応以外に考えられる属性としては，「地図と正しく対応（正対応）しているか」と「未知（地図にない）障害物を観測しているか」という2属性になります。そのため $L = 3$ となり，$l = 1$ を正対応，$l = 2$ を誤対応，$l = 3$ を未知障害物観測と対応することとします。

なお，本手法で扱う誤対応をもう少し厳密にいうと，「微小にずれた誤対応」となります。これは，正対応からわずかにずれてしまっている場合です。もちろん，正対応から大きく外れてしまっているにもかかわらず，誤対応する場合もあるのですが，これも誤対応とすると，次項で述べる尤度分布作成の観点から，問題が発生してしまいます。またこのような場合は，観測値と地図の間に生じるずれ量がきわめて大きくなります。すなわち，難しい方法を考えなくとも，ずれ量に対するしきい値を考えるだけで，自己位置推定の結果を信用できないと簡単に判断することができます。そのため本手法では，このように正対応から大きく外れてしまっている誤対応は，未知障害物観測として扱うこととします。詳細については次節で解説します。

また可観測変数についてですが，誤対応認識を行ううえで観測できる重要な値は，地図上の障害物とセンサ観測値間の距離，すなわち残差です。そのため，$e^{[k]}$ を $\mathbf{z}^{[k]}$ に対応する残差とします。なお，符号付き距離場などを考えると負の残差を考えることも可能ですが，今回は残差は非負のもの，つまり $e^{[k]} \geqq 0$ として扱います。

8.3.2　尤度ベクトル

まず，尤度ベクトル $p(e^{[k]}|\mathbf{y}^{[k]})$ をどのように実装していくかですが，結論からいうと，正対応，誤対応，未知障害物観測の場合の尤度分布はそれぞれ，正規分布，指数分布，一様分布を用いてモデル化します。図 **8.5** に，尤度分布の比較を示します。以下，それぞれの詳細について解説していきます。

〔**1**〕**正 対 応**　　通常，観測値と地図が正対応しているとすると，その残差の分布は正規分布となります。これは，式 (4.15) のビームモデルや式 (4.18) の尤度場モデルにおいて，地図上の障害物を観測する場合の事象が正規分布でモデル化されていることと同じことです。なお，正規分布の平均は 0 となります。しかし，正規分布の定義域は $-\infty \sim \infty$ であるのに対して，$e^{[k]} \geqq 0$ となっているため，定義域が合いません。これに対応するために，正対応の場合

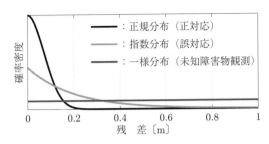

図 8.5 正対応，誤対応，未知障害物観測の
事象に対する残差の尤度分布モデルの比較

の尤度分布は式 (8.9) のように定めます。

$$p(e^{[k]}|^1y^{[k]}) = 2\mathcal{N}(e^{[k]};0,\sigma^2) \tag{8.9}$$

ここで $\int_{-\infty}^{\infty} \mathcal{N}(x)dx = 1 \ (-\infty < x < \infty)$ であることと，正規分布が偶関数であることを考慮すれば，$\int_{0}^{\infty} 2\mathcal{N}(e^{[k]})de^{[k]} = 1$ となることは自明であり，確率分布としての制約を満たすことがわかります。なお後述のとおり，今回は考慮する残差の最大値 $e_{\max}$ を考えます。そのため，残差の定義域は $0 \sim e_{\max}$ となるため，厳密には，式 (8.9) を ∞ まで積分することができません。しかし分散 σ^2 の値を適切に選べば，この影響がきわめて小さいということも事実なので，この微小な誤差は無視して実装します。

〔**2**〕**誤 対 応**　　前節で述べたとおり，本手法でいう誤対応とは，本来なら正対応と識別されるべき観測値が，わずかにずれてしまっているものを指します。そうなると，正対応の残差が従う正規分布より，誤対応の残差が従う分布はなだらかになります。そのため，式 (8.10) に示すように，指数分布により尤度分布をモデル化します。

$$p(e^{[k]}|^2y^{[k]}) = \frac{1}{1 - \exp(-\lambda e_{\max})}\lambda \exp(-\lambda e^{[k]}) \tag{8.10}$$

もし，正対応から大きく離れた誤対応も同時に誤対応として考えると，残差の分布が式 (8.10) にまったく従わなくなることが容易に想像できます。**図 8.6** に，微小にずれた誤対応（図 (a)）と大きく離れた誤対応（図 (b)）の比較を示します。微小にずれた誤対応の場合，わずかに地図と観測値がずれてしまっているだけなので，残差は比較的 0 に近い状態になることがわかります。しかし大きく離れた誤対応の場合，残差が 0 に近いものが少なく，ほとんどが大きな残差を持つことがわかります。このことからも，大きく離れた誤対応まで含めてしまうと，誤対応の残差が従う分布が式 (8.10) に従わないことが理解できます。

〔**3**〕**未知障害物観測**　　未知障害物を観測すると，その残差は比較的大きくなる傾向にあります。しかし，未知障害物が壁の近くにおいてある場合などは，それを観測した場合の残差が 0 に近い状態となることもあり得ます。つまり，未知障害物を観測すると残差が大きくなるという発想は適切とはいえません。しかしながら，未知障害物がどのようなパターンで出現するか

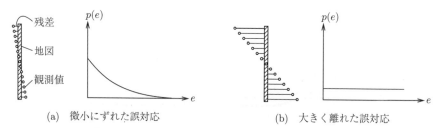

(a) 微小にずれた誤対応   (b) 大きく離れた誤対応

微小にずれた誤対応の場合，わずかに地図と観測値がず
れてしまっているだけなので，残差は比較的 0 に近い状
態になります。一方で，大きく離れた誤対応の場合，残
差 0 となるのは数点であり，ほとんどの観測値に対する
残差が大きな値となります。

図 8.6　微小にずれた誤対応と大きく離れた誤対応の比較

をモデル化することは困難であり，これに伴い，未知障害物を観測したことによる残差がどの
ような尤度分布に従うかをモデル化することも困難になります。そこで安易な発想ですが，未
知障害物観測に従う残差は，一様分布でモデル化することとし，式 (8.11) のように実装します。

$$p(e^{[k]}|^3y^{[k]}) = \mathrm{unif}(0, e_{\max}) \tag{8.11}$$

なお前節で述べたとおり，大きく離れた誤対応という事象は，未知障害物観測の事象と同じ
としています。図 8.6 を見てもわかるとおり，大きく離れた誤対応の場合，その残差がどのよ
うな分布になるかを想定することが困難です。そのため，一様分布でモデル化したほうが都合
がよいといえます。

8.3.3　二つの未知変数がなすクリーク上のポテンシャル関数

もう一つ定める必要のあるものが，二つの未知変数間に定められるポテンシャル関数 $\psi_{i,k}(\cdot)$ で
す。これは隠れマルコフモデル (hidden Markov model) における遷移行列 (transition matrix)
に相当し，未知変数 $\mathbf{y}^{[i]}$ の状態が，$\mathbf{y}^{[k]}$ にどのように影響を与えるかを表します[†]。隠れマルコフ
モデルにおいて遷移行列は，EM アルゴリズム (EM (expectation maximization) algorithm)
を用いて最適化（学習）されます。今回使用するポテンシャル関数も，本来はそのような手法
を用いて獲得されるべきですが，今回は物理的な意味合いを考えて簡略化して実装することと
し，式 (8.12) のように定めます。

$$\psi_{i,k} = \begin{pmatrix} \frac{4}{5} & 0 & \frac{1}{5} \\ 0 & \frac{4}{5} & \frac{1}{5} \\ \frac{1}{3} & \frac{1}{3} & \frac{1}{3} \end{pmatrix} \tag{8.12}$$

[†]　隠れマルコフモデルについて，本書では具体的な言及はしませんが，自己位置推定も広義には隠れマルコ
フモデルの一種です。もし自己位置が，1-of-K 符号化法のような状態で表現できれば，隠れマルコフモ
デルであるといえます。隠れマルコフモデルにもさまざまな派生形が存在しますが，それらの実装に関し
ては，文献 61) に見られます。

式 (8.12) のポテンシャル関数の 1 行目と 2 行目は，正対応と誤対応への遷移の確率を表しています。自己位置推定に成功するということは，基本的には，地図上に存在する障害物を観測している観測値が，正しく地図上の障害物と照合できている（正対応している）ことを意味します。一方で，自己位置推定に失敗するということは，地図上に存在する障害物を観測している観測値が，地図上の障害物と照合できていない（誤対応している）ことを意味します。すなわち，正対応と誤対応は同時に現れない属性であると考えることができます。そのため，式 (8.12) のポテンシャル関数の 1 行 2 列目，および 2 行 1 列目の成分，すなわち正対応から誤対応，誤対応から正対応への遷移の確率は 0 となっています。

3 列目は未知障害物への遷移確率となっています。環境が動的であることを考えると，ここを 0 とするわけにはいきません。しかしながら，どの程度，未知障害物が観測されるかを正しい根拠を持って決めることは困難です。そのため，1/5 という任意の確率としています。そして 1 からその値を引いた確率，すなわち 4/5 が，1 行 1 列目と 2 行 2 列目の成分，すなわち正対応から正対応，誤対応から誤対応への遷移の確率となっています。

3 行目は，未知障害物観測の属性に遷移する確率を表しています。未知障害物観測の属性に関しては，他の観測値の属性を用いて，その関係を記述することは困難です。たとえ他の観測値の属性が正対応，もしくは誤対応であったとしても，着目している観測値の属性が未知障害物観測である可能性は消せません。しかし上述のとおり，どれだけの未知障害物を観測するかを適切にモデル化することは困難です。そのため 3 行目は，すべて同一の確率値としています。

8.3.4　事後分布の推定

本手法の目的は，式 (8.3) に示した事後分布 $p(Y|\mathbf{e})$ を推定し，センサ観測値が地図と誤対応しているかどうかを認識することです。しかし，未知変数が全結合しているため，条件付き独立性をうまく使えず，この分布を直接推定することは困難です。そのため，周辺事後分布 $p(\mathbf{y}^{[k]}|\mathbf{e})$ を式 (8.8) に示したループあり確率伝播を用いて求めることで，$p(Y|\mathbf{e})$ が推定できたとみなします。

ループあり確率伝播の実装においては，メッセージを伝播させる戦略が重要となります。しかし，今回は非常に単純ではありますが，メッセージの送信先はランダムに決めることとします。なお，メッセージは，一度に一つのリンクしか通ることができません。これは，一つのノードがメッセージを受信して確率分布を更新したとすると，その影響が他のリンクしているノードすべてに影響を与えるためです。そのため，並列計算によって実装することができず，計算を高速化させる工夫が難しくなります。

収束判定を厳密に行うことも困難です。メッセージが一度伝播して値が変わらなかったとしても，つぎの伝播では値が更新されるかもしれません。そのため，これも非常に単純ですが，ある指定の回数，メッセージを伝播して，変動した値の総和がしきい値を下回った状態を，更新が収束した状態として判定します。もしくは，あらかじめ決められた回数の伝播が終わった状

態を，強引に収束状態と判定します。これにより，最悪計算時間だけ担保できるようにします。

8.3.5 事後分布推定のプログラムによる実装

リスト **8.1** に，ループあり確率伝播を用いた事後分布推定の実装例を示します。引数である `likelihoodVectors` が式 (8.2) に示した尤度ベクトル $\mathbf{l}^{[k]}$ の集合となっており，各ベクトルは式 (8.9)，式 (8.10)，および式 (8.11) を用いて計算されています。5 行目から 16 行目にかけて，未知変数の状態を初期化しています。これは式 (8.6) に示した処理です。`calculateTransitionMessage` において，式 (8.12) に示したポテンシャル関数と，引数である尤度ベクトルの積が計算されます。

リスト **8.1** ループあり確率伝播を用いた事後分布推定の実装例（include/MRFFailureDetector.h）

```
1   std::vector<std::vector<double> > estimateMeasurementClassProbabilities(
        std::vector<std::vector<double>> likelihoodVectors)
2   {
3       // すべての変数からのメッセージを受け取り周辺事後分布を初期化
4       // likelihoodVectors を初期状態とすることで尤度ベクトルを掛けたことになる
5       std::vector<std::vector<double> > measurementClassProbabilities =
            likelihoodVectors;
6       int measurementNum = (int)measurementClassProbabilities.size();
7       for (int i = 0; i < measurementNum; i++) {
8           for (int j = 0; j < measurementNum; j++) {
9               if (i == j)
10                  continue;
11              std::vector<double> message = calculateTransitionMessage(
                    likelihoodVectors[j]);
12              measurementClassProbabilities[i] = getHadamardProduct(
                    measurementClassProbabilities[i], message);
13              measurementClassProbabilities[i] = normalizeVector(
                    measurementClassProbabilities[i]);
14          }
15          measurementClassProbabilities[i] = normalizeVector(
                measurementClassProbabilities[i]);
16      }
17
18      // ループあり確率伝播の実行
19      double variation = 0.0;
20      int idx1 = rand() % measurementNum;
21      std::vector<double> message(3);
22      message = likelihoodVectors[idx1];
23      int checkStep = maxLPBComputationNum_ / 20;
24      for (int i = 0; i < maxLPBComputationNum_; i++) {
25          // 伝播するつぎの変数のインデックス
26          int idx2 = rand() % measurementNum;
27          int cnt = 0;
28          for (;;) {
29              if (idx2 != idx1)
30                  break;
```

```
31              idx2 = rand() % measurementNum;
32              cnt++;
33              if (cnt >= 10)
34                  break;
35          }
36          message = calculateTransitionMessage(message);
37          message = getHadamardProduct(likelihoodVectors[idx2], message);
38          std::vector<double> measurementClassProbabilitiesPrev =
                    measurementClassProbabilities[idx2];
39          measurementClassProbabilities[idx2] = getHadamardProduct(
                    measurementClassProbabilities[idx2], message);
40          measurementClassProbabilities[idx2] = normalizeVector(
                    measurementClassProbabilities[idx2]);
41          double diffNorm = getEuclideanNormOfDiffVectors(
                    measurementClassProbabilities[idx2],
                    measurementClassProbabilitiesPrev);
42          variation += diffNorm;
43          if (i >= checkStep && i % checkStep == 0 && variation < 10e-6)
44              break;
45          else if (i >= checkStep && i % checkStep == 0)
46              variation = 0.0;
47          message = measurementClassProbabilities[idx2];
48          idx1 = idx2;
49      }
50      return measurementClassProbabilities;
51  }
```

24 行目からループあり確率伝播による推定が行われます。これが式 (8.8) に示した処理となります。なお，23 行目で定めた **checkStep** ごとに収束の判定を行います。この際，確率の値がどれだけ更新されたかを **variation** で記録し，この値が一定以下の場合は，繰返し計算が収束したと判定します。

8.3.6　自己位置推定失敗の検知

前節で述べたとおり，本手法の目的はあくまでセンサ観測値と地図が誤対応しているかどうかを認識することです。しかし応用上，誤対応しているかどうかのみを知ることができても嬉しいことはありません。そこでこの誤対応認識結果を基に，自己位置推定の失敗を検知する方法についても解説します。

まず誤対応率 MR（misalignment ratio）と，未知障害物率 UR（unknown ratio）を導入し，これらを式 (8.13)，式 (8.14) のように定めます。

$$\text{MR} = \frac{\sum_{k=1}^{K} {}^2y^{[k]}}{K - \sum_{k=1}^{K} {}^3y^{[k]}} \tag{8.13}$$

$$\text{UR} = \frac{\sum_{k=1}^{K} {}^3y^{[k]}}{K} \tag{8.14}$$

そして，誤対応率がしきい値 MR_{th} を超えた状態，または未知障害物率がしきい値 UR_{th} を

超えた場合を，自己位置推定に失敗している状態とみなします。誤対応率に対するしきい値を
適切に設定することは，一見難しそうですが，今回は未知変数を全結合していることもあり，ミ
スマッチ率が中間的な値（20~80％程度の値）を取ることがほとんどありません。そのため，
しきい値の変化により，大きな認識性能の違いが現れないことを確認しています[13]。

いま，前項で述べたループあり確率伝播の計算が終わり，すべての未知変数の周辺事後分布
$p(\mathbf{y}^{[k]}|\mathbf{e})$ が求められていたとします。これは近似的に $p(Y|\mathbf{e})$ を求めたものとなっています。
式 (8.13) で定めた誤対応率，または未知障害物率がしきい値を超える状態になる集合を $\mathcal{F} \subset Y$
とした場合，自己位置推定に失敗している確率 p_{failure} は以下のように計算できます。

$$p_{\text{failure}} = \sum_{\mathbf{y}\in\mathcal{F}} p(\mathbf{y}|\mathbf{e}) \tag{8.15}$$

しかしながら，この計算を実行することは現実的ではありません。$p(Y|\mathbf{e})$ は，3^K 個の要素
数を持つ表から成り立ちます。すなわち，3^K 個の要素を持つ表の中から，式 (8.13) と式 (8.14)
の条件を満たす事象に対する確率の和を求めなければなりませんが，そもそもそのような数の
要素数を持つ表を持つことは現実的ではありません。

そこで，周辺事後分布 $p(\mathbf{y}^{[k]}|\mathbf{e})$ から $\hat{\mathbf{y}}^{[k]}$ をサンプリングすることで，p_{failure} を近似するこ
とにします。

$$\hat{\mathbf{y}}^{[k]} \sim p(\mathbf{y}^{[k]}|\mathbf{e}) \tag{8.16a}$$

$$p_{\text{failure}} \simeq \frac{1}{N}\sum_{n=1}^{N} \mathbb{I}\left(\frac{\sum_{k=1}^{K} {}^2\hat{y}_n^{[k]}}{K - \sum_{k=1}^{K} {}^3\hat{y}_n^{[k]}} \geq \text{MR}_{\text{th}} \ \text{ or } \ \frac{\sum_{k=1}^{K} {}^3\hat{y}^{[k]}}{K} \geq \text{UR}_{\text{th}} \right) \tag{8.16b}$$

ここで，N はサンプリング計算を行う回数，$\mathbb{I}$ は指示関数であり，括弧内の条件が真であれば
1，そうでなければ 0 となります。つまり式 (8.16) は，誤対応率，または未知障害物率がしき
い値以上になった場合を自己位置推定に失敗したとみなし，これを複数回計算することで，自
己位置推定に失敗している確率を算出するということを意味しています。

8.3.7　自己位置推定失敗の検知のプログラムによる実装

リスト **8.2** に，上述した自己位置推定失敗確率 p_{failure} の計算の実装例を示します。引数で
ある `measurementClassProbabilities` が，周辺事後分布 $p(\mathbf{y}^{[k]}|\mathbf{e})$ の集合となっています。
20 行目に示す条件が，式 (8.16) に示した指示関数の条件になります。

リスト **8.2**　自己位置推定失敗確率の計算の実装例（include/MRFFailureDetector.h）

```
1    double predictFailureProbabilityBySampling(std::vector<std::vector<double
     >> measurementClassProbabilities) {
2        int failureCnt = 0;
3        for (int i = 0; i < samplingNum_; i++) {
4            int misalignedNum = 0, validMeasurementNum = 0;
5            int measurementNum = (int)measurementClassProbabilities.size();
6            for (int j = 0; j < measurementNum; j++) {
```

```
 7              double darts = (double)rand() / ((double)RAND_MAX + 1.0);
 8              // validProb は未知障害物観測でない確率に相当
 9              double validProb = measurementClassProbabilities[j][ALIGNED] +
                    measurementClassProbabilities[j][MISALIGNED];
10              if (darts > validProb)
11                  continue;
12              validMeasurementNum++;
13              // 正対応（ALIGNED）より確率が高い場合は誤対応（MISALIGNED）となる
14              if (darts > measurementClassProbabilities[j][ALIGNED])
15                  misalignedNum++;
16          }
17          double misalignmentRatio = (double)misalignedNum /
                (double)validMeasurementNum;
18          double unknownRatio = (double)(measurementNum -
                validMeasurementNum) / (double)measurementNum;
19          // ミスマッチ，未知観測率のどちらかがしきい値を超えた場合を
                推定に失敗した状況としてカウント
20          if (misalignmentRatio >= misalignmentRatioThreshold_ ||
                unknownRatio >= unknownRatioThreshold_)
21              failureCnt++;
22      }
23      failureProbability_ = (double)failureCnt / (double)samplingNum_;
24      return failureProbability_;
25  }
```

8.3.8 全結合の意味と注意点

8.1 節で述べたとおり，本章で解説する手法の目的は，「観測値全体の関係性を考慮しながら」誤対応認識を行うことです。3.2 節で述べたとおり，マルコフ確率場におけるリンクは，変数間の双方的な因果関係を表します。今回の場合，未知変数 $\mathbf{y}^{[k]}$ は，センサ観測値 $\mathbf{z}^{[k]}$ が誤対応しているかどうかを表す変数となります。そしてこの未知変数が，他のすべての未知変数との間にリンクを持っています。さらに，それらの未知変数は，対応する各センサ観測値と地図との間の残差を支配する変数となっています。つまり，各残差どうしはたがいに独立として扱われますが，それを支配する誤対応かどうかを表す変数 $\mathbf{y}^{[k]}$ が，その他すべての変数に対し，たがいに影響を及ぼし合うということです。これはつまり，「観測値全体の関係性を考慮しながら誤対応認識を行う」という状態に等しいと考えることができます。

ただし，気を付ける必要がある点もあります。式 (8.3) に示したとおり，全結合された未知変数がなす極大クリーク上のポテンシャル関数は，一つの $\psi_Y(\cdot)$ により表されます。今回，$\mathbf{y}^{[k]} \in \mathcal{R}^3$ とし，K 個の未知変数があるとしています。そのため $\psi_Y(\cdot)$ は，3^K 個のパラメータにより表現される表となります。ここで，K はセンサ観測値の個数なので，2D LiDAR を考えると，1000 を超えることも当然起こります。そうなると，3^{1000} 個のパラメータは当然，表現しきれません。すなわち，モデル化は可能であるが，計算はできないということが起きてしまいます。今回，これに関しては，近似して計算できるという仮定で解決しています。また，実際に事後分

布を推定する際には，残差の尤度分布を用いて推定を行っています。つまり，「観測値の形状的な全体的関係性」を考慮したものとなっていない，ということにも注意が必要です。

8.4 誤対応認識の実行

8.4.1 実　装　例

リスト **8.3** に誤対応認識に基づく位置推定失敗検知の実装例を示します。これは src/Failure Detection.cpp になります。include/MRFFailureDetector.h 内に，本章で解説した自己位置推定の失敗検知法（失敗検出器）のクラス MRFFD（Markov-Random-Field-based Failure Detector）が実装されています。今回は，デフォルトのパラメータをそのまま使用しますが，詳細なパラメータなどについては MRFFailureDetector.h を確認してください。なお，今回は自己位置推定の失敗検出を行うことが目的なので，MCL を自己位置推定モジュールとして用いています。

リスト **8.3**　誤対応認識に基づく位置推定失敗検知の実装例（src/FailureDetection.cpp）

```
 1   #include <stdio.h>
 2   #include <stdlib.h>
 3   #include <unistd.h>
 4   #include <iostream>
 5   #include <RobotSim.h>
 6   #include <MCL.h>
 7   #include <MRFFailureDetector.h>
 8
 9   int main(int argc, char **argv) {
10       // 略
11
12       // MCL を自己位置推定モジュールとして利用
13       int particleNum = 100;
14       als::MCL mcl(argv[1], particleNum);
15       mcl.setMCLPose(robotSim.getGTRobotPose());
16       mcl.resetParticlesDistribution(als::Pose(0.5, 0.5, 3.0 * M_PI / 180.0));
17       mcl.useLikelihoodFieldModel();
18
19       // 失敗検出器の宣言
20       als::MRFFD failureDetector;
21
22       double usleepTime = (1.0 / simulationHz) * 10e5;
23       while (!robotSim.getKillFlag()) {
24           // 略
25
26           // MCL の実行
27           mcl.updateParticles(deltaDist, deltaYaw);
28           mcl.calculateMeasurementModel(scan);
29           mcl.estimatePose();
30           mcl.resampleParticles();
```

```
31
32          // MCL による推定結果に対する推定正誤判断の実行
33          // MCL による推定位置を取得
34          als::Pose mclPose = mcl.getMCLPose();
35          // MCL による推定位置からの残差を計算
36          std::vector<double> residualErrors = mcl.getResidualErrors(mclPose,
                scan);
37          // 位置推定に失敗している確率を予測
38          failureDetector.predictFailureProbability(residualErrors);
39          // 失敗確率を端末に表示
40          failureDetector.printFailureProbability();
41          // 各スキャン点のクラスを取得
42          std::vector<int> residualErrorClasses = failureDetector.
                getResidualErrorClasses();
43          // gnuplot で結果を表示
44          mcl.plotFailureDetectionWorld(plotRange, scan, residualErrorClasses);
45
46          usleep(usleepTime);
47      }
48      return 0;
49  }
```

36 行目の **getResidualErrors** メソッドで，MCL の自己位置推定結果，および現在の観測値に基づいて，残差ベクトルを取得します。そして 38 行目の **failureDetector** の **predictFailure Probability** メソッドで，残差ベクトルに基づいて自己位置推定の失敗検知を行います。また 42 行目の **getResidualErrorClasses** メソッドで，推定した観測値の属性（正対応，誤対応，未知障害物観測）を取得します。この属性に基づいて，観測値をプロットすることで，各スキャンがどの属性に分類されたかを確認することができます。

8.4.2 プログラムの実行

build の中に入り，以下のコマンドを実行し，プログラムを実行してください。

```
$ ./FailureDetection ../maps/nic1f/
```

プログラムを実行すると図 **8.7** が表示されます。プログラム起動直後は，推定値と真値がほぼ同じ値となっていますので，自己位置推定に成功している状態といえます。この状態で，地図上の障害物を観測している観測値は正対応，地図上に存在しない障害物を観測している観測値は未知障害物と分類されています。なお，誤対応と分類された観測値はありません。この状態で，式 (8.16) を用いて位置推定の失敗確率を計算すると，誤対応と判断された観測値が存在しないため，その確率は 0 となります。このシミュレーションでは，基本的にロボットが移動しても自己位置推定には成功します。そのため，キー入力用のウインドウをアクティブにし，ロボットを動かしてみても，同様に観測値が正しく地図と対応していると判断されているという結果を確認することができます。

ここで，キー入力用のウインドウをアクティブにし，「j」を入力してみてください。「j」が入

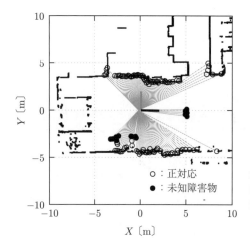

プログラム起動後は，推定値はほぼ真値と同じであるため，位置推定に成功した状態となっています。地図上の障害物を観測している観測値は正対応，地図上に存在しない障害物を観測している観測値は未知障害物と分類されています。

図 8.7　自己位置推定成功時のミスマッチ認識結果

力されると，ロボットの真値の位置がジャンプします（jump の j です）。自己位置推定に成功してる状態でロボットの位置を突発的に変化させると，当然，自己位置推定に失敗します。このようなジャンプの後に，自己位置推定に失敗し，その状態でミスマッチ認識を行った結果が**図 8.8** になります。一部の観測値が地図と重なっている部分も見られますが，全体的に，観測値が地図と正しく重なっていないことが確認できます。この状態では，地図上に存在する障害物を観測したほとんどの観測値が誤対応と分類されています（一部の観測値は，地図上の障害物との距離が遠く，未知障害物と分類されてしまっています）。なお，この結果では正対応していると分類された観測値がないため，式 (8.16) を用いて位置推定の失敗確率を計算すると，その確率は 100 ％となります。

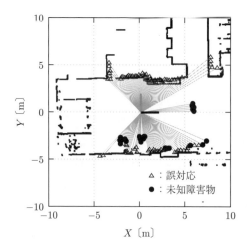

地図と正しく重なっていない観測値が誤対応として分類されています。

図 8.8　自己位置推定失敗時のミスマッチ認識結果

　図 8.7 と図 8.8 に示したように，正対応と誤対応が同時に現れることはほとんどありません。また図 8.8 では，観測値が地図と重なっているにもかかわらず，誤対応と判断できている観測値も見られます。これこそが，未知変数全結合型のマルコフ確率場を用い，観測値全体の関係性を考慮した効果です。なお，全結合のリンクを削除し，隣接変数としか接続していないマル

コフ確率場を用いた場合には，このような認識が行えないことを確認しています[13]）。

8.4.3 性 能 限 界

　自己位置推定に失敗していたとしても，残差の尤度分布が図 8.5 に示したようなモデルに従わない場合が存在します。図 **8.9** に，本手法による誤対応認識が正しく動作していない例を示します。この例では，真値と推定値が 1 m ほどずれてしまっています。しかし，環境形状がほぼ変わらないため，多くの観測値が地図上の障害物と重なってしまいます。そのため，残差の尤度分布が正規分布に従うようになり，正対応と認識されてしまいます。一部の観測値は地図上の障害物と重なっていませんが，大きく地図上の障害物から離れているため，未知障害物を観測していると識別されてしまっています。本来，これらの観測値は地図上に存在する障害物を観測していますが，正しい位置の障害物と照合されていないため，すべて誤対応と認識されなければなりません。しかし，残差の分布が図 8.5 に示したようなモデルに従わないため，正しく識別することができなくなります。このように，残差の分布が想定したモデルと著しく離れる場合は，本手法によって誤対応を認識できなくなってしまいます。

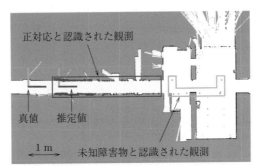

真値と推定値が 1 m ほどずれてしまっていますが，廊下のような環境だと，形状がほとんど変化しないため，ほとんどの観測が正対応と認識されてしまっています。一部の観測値が地図と対応していませんが，地図上の障害物から大きく離れていますので，未知障害物を観測していると分類されてしまっています。

図 8.9 誤対応認識の性能限界の例

8.5 関 連 研 究

　マルコフ確率場を，ICP スキャンマッチングを用いた点群位置合わせに用いる方法を，Stechschulte らが提案しています[62]）。Stechschulte らの方法では，点群位置合わせを行うにあたり，正対応と誤対応の 2 状態をマルコフ確率場を用いて推定しています。この推定結果を用いることで，点群どうしの重なりの割合が低い場合でも，頑健に位置合わせを行うことを可能にさせています。ただし，この手法では，マルコフ確率場の隠れ変数は隣接する変数とのみ接続

しており，本手法で用いたような全結合のリンクを有していません。なお，ICP スキャンマッチング実行時に，誤対応を推定する試みは EM-ICP とも呼ばれ（EM アルゴリズムを用いた推定に帰着されるため），文献 63), 64) などで見られます。

条件付き確率場（conditional random field）というグラフィカルモデルがあります。条件付き確率場のグラフィカルモデルは，マルコフ確率場のグラフィカルモデルと同じですが，条件付き確率場は，学習データに基づいて訓練されたマルコフ確率場となります。Ramos らは，隠れ変数を全結合させた条件付き確率場（図 8.3 に示したグラフィカルモデルと同じ）を用いて，点群間の誤対応を認識する方法を提案しています[65]。そして，ICP スキャンマッチングを行う際のコスト関数の計算に誤対応認識の結果を反映させ，スキャンマッチングの頑健性向上を実現しています。本章で解説した手法と，Ramos らが提案している手法で用いられているグラフィカルモデルはまったく同じものであり，実施していることも，どちらも誤対応認識であるため，最も類似した手法といえます。ただし，使用するモデルとしては，マルコフ確率場か条件付き確率場かの違いが存在し，かつ本手法では，位置推定の失敗を検知することを主の目的としている点が異なります。

また，条件付き確率場を用いた類似手法として，Chandran-Ramesh らは地図の評価方法を提案しています[66], [67]。Chandran-Ramesh らの方法では，構築された地図が "plausible" か "suspicious" かの 2 状態の分類を行っています。suspicious な状態とは，同一の障害物が地図上で同一の障害物として登録されていないことであり，これもある意味では誤対応を認識していると解釈できます。

本手法では，残差の尤度分布を利用して，誤対応認識を行っています。少し関連度合いは下がりますが，Wang らは，残差の分布をオンラインで推定し，これを基に尤度分布を定め，スキャンマッチングを行う方法を提案しています[38]。ここでいう尤度分布は，観測モデルと扱いは等価です。この手法は，頑健な残差のモデル化により，各種認識などの性能が向上するという主張を考慮したものとなっています[68], [69]。残差の分布を活用するという点で類似すること，かつ興味深い取組みであると考えられるため，ここで紹介しました。

8.6 ま　と　め

本章では，自己位置推定の失敗の結果生じる，観測値と地図の間の誤対応を認識することを目的とした手法を解説しました。自己位置推定において，誤対応認識を行うことが困難となる理由は，観測の独立性を仮定することで，観測値全体の関係性を考慮できなくなってしまうためです。そこで，観測値全体の関係性を考慮させることを目標として，未知変数全結合型のマルコフ確率場を導入しました。この全結合された未知変数を介すことで，観測値全体の関係性を考慮させることを可能とし，高精度に誤対応認識ができることを確認しました。その一方で，想定した状況と大きく異なる場合，すなわち残差の分布がモデル化した分布と大きく異なる場

合には，誤対応認識が正しく行えなくなるという性能の限界も紹介しました。

　また本章では，上述の観測の独立性の仮定について詳細を話しました。観測の独立性は，自己位置問題を解くにあたり不可欠な仮定ですが，これにより観測値全体の関係性が考慮できなくなるなど，さまざまな問題を引き起こすものとなっています。自己位置推定の限界を知り，その改善策を考えるためには，観測の独立性の仮定を正しく理解することが不可欠と思います。そのため，より発展的な自己位置推定に関する研究を行うためには，この仮定を深く正しく理解することが重要であると著者は考えています。

9 One-shot 自己位置推定と MCL の融合

本章では，One-shot 自己位置推定と MCL を確率的に融合させる方法に関して解説します[14]。これは，6，7 章で述べた自己位置推定モデルの拡張とは異なる話ですが，近年注目されている機械学習を用いた自己位置推定を，矛盾なく MCL に融合させることを可能とします。そしてこれにより，MCL 単体では実現の難しい自己位置推定失敗状態からの復帰が実現可能となります[†1]。同時に，滑らかに移動軌跡を推定できるという MCL の利点も維持することが可能になります。すなわち，MCL で十分な環境では，MCL の利点を活かした自己位置推定を行い，MCL で十分ではない場合に，One-shot 自己位置推定の利点を享受するというように，たがいを活用するような融合を実現できます。本章の最後では，関連する研究についてまとめます。

9.1　One-shot 自己位置推定

One-shot 自己位置推定（one-shot localization）とは，現時刻のセンサ観測値 $\mathbf{z}_t$ のみから自己位置 $\mathbf{x}_t$ を推定する方法を指します。通常，このような問題を解くことはきわめて難しいのですが，近年の**深層学習**（deep learning）を代表とする機械学習の発展により，実現可能性が示されてきています。有名なものだと，PoseNet と呼ばれる方法があります[54]。これは，カメラ画像を入力すると，それに対応する自己位置を出力するネットワークです。このような，ネットワークを用いて行う自己位置推定を，**End-to-End** 自己位置推定と呼ぶこともあります。入力から出力，すなわち「センサ観測値から自己位置」を直接，推定する方法であるため，このように呼ばれたりします。

しかし One-shot 自己位置推定は，過去の情報を活用しない，つまりマルコフ性を仮定していないため，推定結果が不安定になるといった問題を持ちます[†2]。そのため，One-shot 自己位置推定を単独で用いて，MCL と同様の位置推定性能を得ることは困難です。むしろ多くの場合で，MCL のほうが One-shot 自己位置推定よりも優位に機能するといえます。一方で，現時刻のセンサ観測値だけで，大まかに自己位置が推定できるという機能は，MCL における初期位置推定や，自己位置推定失敗状態からの復帰を実現するために，きわめて有効な機能になります。これらの機能は，MCL 単体では実現することが難しい機能であるため，うまく One-shot

---

†1　実際に復帰が可能になるかどうかは，使用する One-shot 自己位置推定の性能に依存します。

†2　時系列を考慮した学習を行うような深層学習モデルも存在しますが，本章ではこのようなモデルは扱いません。しかし，その場合であっても，本章で述べる融合方法を用いることで，MCL と融合することは可能です。

自己位置推定の結果を活用したいというモチベーションが上がってきます。

　しかし当然ですが，単純な融合ではうまくいきません。例えば，MCL も One-shot 自己位置推定もどちらも自己位置を推定するため，これらの推定値の重み付き平均を取ることは可能です。しかし，これは何の効果ももたらしません。例えば，重みを均等にすれば，One-shot 自己位置推定の不安定な推定結果の影響を受けてしまいます。一方で，この推定結果の影響を小さくするために，One-shot 自己位置推定の結果に対する重みを小さくすれば，自己位置推定失敗状態からの復帰は実現できなくなります。そのため，MCL の枠組みを考慮しながら，うまく融合させる必要があります。

　本章ではおもに，深層学習を用いて One-shot 自己位置推定を実現する方法を考えますが，他の方法でも実現可能ではあります。例えば，GPS を用いたり，環境中に特定の目印を取り付けて実現する方法も考えられます。GPS はすでにさまざまな場所で利用されており，ロボットの自己位置推定にも広く利用されています。しかし，LiDAR を用いた自己位置推定と併用するとなった場合，GPS を用いた自己位置推定の精度は LiDAR の自己位置推定の精度よりも低いため，うまく融合することは容易な話ではありません。しかし，もし LiDAR による自己位置推定が失敗した場合には，GPS はこれを復帰させるために，きわめて有効なセンサであるといえます。本章で用いる方法は，これらのような方法との確率的な融合を実現するためにも利用することができます。

　One-shot 自己位置推定を MCL と融合して得られるおもな利点は，MCL による推定が失敗している状態からの復帰が可能になる点にあります。そのため，次節にてまず，MCL が失敗した状態からの復帰に関する手法を解説します。これにより，本章で述べる手法の利点を整理します。なお，ロボットの自己位置推定結果が間違っている状態から復帰させる問題は，**誘拐ロボット問題**と呼ばれます。また文献 25) では，MCL が位置推定に失敗した状態，すなわち真値周辺にパーティクルが存在しない状態を**誘拐状態**（kidnapped state）と定めています。これらにならい，本書でも，そのような状態を誘拐状態と呼ぶこととします。

9.2　誘拐状態の検知と復帰およびそれらの課題

9.2.1　誘拐状態の検知

　誘拐状態からの復帰を実現するためには，まず誘拐状態を正しく検知できることが好ましいです[†]。文献 25) では，誘拐状態を式 (9.2) のように定義しています。

$$\hat{b}(\mathbf{x}_t) \stackrel{\text{def}}{=} \int p(\mathbf{x}_t|\mathbf{x}_{t-1},\mathbf{u}_t)p(\mathbf{x}_{t-1}|\mathbf{u}_{1:t-1},\mathbf{z}_{1:t-1},\mathbf{m})d\mathbf{x}_{t-1} \tag{9.1}$$

$$\int_{\mathcal{X}} \hat{b}(\mathbf{x}_t)d\mathbf{x}_t \simeq 0 \tag{9.2}$$

[†]　「好ましい」というのは，必須ではないということです。実際，本章で解説する手法は，誘拐状態の検知を行わずに，誘拐状態からの復帰を達成します。

式 (9.1) に示す $\hat{b}(\mathbf{x}_t)$ は，式 (4.7c) に示した事前（予測）分布です。また式 (9.2) に示す $\mathcal{X}$ は，ロボットが存在する真値近傍の領域です。つまり，式 (9.2) は，予測分布を近似したパーティクル群が真値周辺に存在しない状況を示しています。しかし当然ですが，自己位置推定を行う際に真値はわかりませんので，$\mathcal{X}$ を定義することはできず，式 (9.2) を計算することもできません。そのため実際には，何かしらの経験的な指標を持って誘拐状態を検知することになります[†]。

文献 23) では，式 (9.3) に示す値を用いた誘拐状態の検知方法が提案されています。

$$\beta = 1 - \frac{\omega_{\mathrm{total}}}{\omega_{\mathrm{th}}} \tag{9.3}$$

ここで，ω_{total} はパーティクル群の尤度の総和，ω_{th} は正の任意定数であり，$\beta > 0$ となった状態を誘拐状態としています。これはすなわち，ω_{total} が ω_{th} を下回った場合を誘拐状態と定めているため，観測モデルを用いた尤度計算に矛盾が発生している場合を，誘拐状態として検知します。しかし，もしセンサ観測にノイズが混入するなどして，尤度が低下した場合も，それを誘拐状態として検知する恐れがあります。

この問題に対して文献 22) では，これを改良し，式 (9.6) の値を用いる誘拐状態検知方法が提案されています。

$$\omega_{\mathrm{long}} \leftarrow \eta_{\mathrm{long}}\omega_{\mathrm{total}} + (1 - \eta_{\mathrm{long}})\omega_{\mathrm{long}} \tag{9.4}$$

$$\omega_{\mathrm{short}} \leftarrow \eta_{\mathrm{short}}\omega_{\mathrm{total}} + (1 - \eta_{\mathrm{short}})\omega_{\mathrm{short}} \tag{9.5}$$

$$\beta = 1 - \frac{\omega_{\mathrm{short}}}{\omega_{\mathrm{long}}\omega_{\mathrm{th}}} \tag{9.6}$$

式 (9.4) と式 (9.5) における η_{long} と η_{short} は，$0 \leqq \eta_{\mathrm{long}} \ll \eta_{\mathrm{short}} \leqq 1$ を満たす任意定数です。この方法においても，$\beta > 0$ となる状態を誘拐状態として検知します。しかしながら，$\omega_{\mathrm{short}}/\omega_{\mathrm{long}}$ は ω_{total} が小さい値を連続して取り続けた場合に，ω_{th} よりも小さくなります。そのため，一度，センサにノイズが加わり ω_{total} が小さくなったとしても，即座に誘拐状態として検知することはなくなります。これは，尤度の履歴を見て誘拐状態を検知する方法であるため，文献 25) ではこの方法に基づく MCL のリセット法を**履歴センサリセット**（hysteresis sensor resettings）と呼んでいます。

式 (9.6) の値が 0 より大きくなった場合を誘拐状態として検知しましたが，誘拐状態から復帰するためには，新たに適切なパーティクルをばらまく必要があります。このとき問題になることは，「どれだけの量を，どのようにばらまくか」ということです。後者の「どのようにばらまくか」は，いわゆる「MCL のリセット」と呼ばれる動作であり，具体的なリセット方法については次項や 9.2.3 項で解説します。「どれだけの量をばらまくか」という指標として，文献 22) では，式 (9.7) で定める方法が提案されています。

[†]   7, 8 章で解説している方法は，MCL の失敗を検知するため，誘拐状態を検知していると解釈できますが，式 (9.2) を計算しているわけではありません。

$$\max\{0, \beta\} \tag{9.7}$$

　式 (9.7) に示す値（割合）の分だけ，新たにパーティクルをばらまき直す方法を **augmented MCL** と呼びます。なお，新しくばらまかれたパーティクルは観測モデルを用いて尤度計算されますが，本章で解説する手法の違いはこの尤度計算部分に現れます。

9.2.2　センサリセット

　文献 23) では，誘拐状態を検知した後の復帰方法も述べられており，式 (9.8) のように，予測分布を上書きする方法が提案されています。

$$\hat{b}(\mathbf{x}_t) \leftarrow \frac{1}{1+\beta}\hat{b}(\mathbf{x}_t) + \frac{\beta}{1+\beta}p(\mathbf{z}_t|\mathbf{x}_t, \mathbf{m}) \tag{9.8}$$

ここで，β は式 (9.3) で計算された値であり，本質的には式 (9.7) に示したように，予測分布以外の分布からある割合でパーティクルを生成するということを意味しています。式 (9.8) には，観測モデル $p(\mathbf{z}_t|\mathbf{x}_t, \mathbf{m})$ が含まれています。つまり，センサ観測値を含んで予測分布をリセットしているので，このリセット方法はセンサリセットと呼ばれます。

9.2.3　膨張リセット

　文献 25) では，式 (9.9) のように，予測分布を上書きするリセット方法が提案されています。

$$\hat{b}(\mathbf{x}_t) \leftarrow f\left(\hat{b}(\mathbf{x}_t)\right) \tag{9.9}$$

これは，分布を上書きにするために，$\hat{b}(\mathbf{x}_t)$ のみを用いるということをいっているにすぎません。重要なことは，$f(\cdot)$ が以下の性質を持つことです。

- $\hat{b}(\mathbf{x}_t)$ の極値点をなるべく変えず曖昧にすること
- 任意の $\hat{b}(\mathbf{x}_t)$ を $f(\cdot)$ で数回連続写像すると，自己位置が存在し得る空間で一様になること

これは例えば，誘拐状態として検知された時点の自己位置を平均としたガウス分布を定め，毎回，その分散を大きくしながらサンプリングを行っていくような操作でも実現できます。つまり，誘拐状態を検知した状態のパーティクル群を，その場で膨張させていくような処理を行います。そのため，このリセット方法は膨張リセットと呼ばれます。

9.2.4　誘拐状態の検知・リセットの難しさ

　式 (9.3)，および式 (9.6) により誘拐状態を検知する場合，パーティクルの尤度の総和 ω_{total} の値が重要になります。4 章で述べたとおり，通常であればパーティクルの尤度は観測モデルにより計算されます。もし，観測モデルとして尤度場モデルを利用していた場合，尤度場モデルは環境の変化を考慮していないため，誘拐状態に陥っていなかった場合でも，環境が変化すれば ω_{total} が小さくなり得ます。さらに式 (9.6) に示したように，設定するパラメータが複数あるため，誘拐状態の検知性能はこれらに強く依存してしまいます。

さらにいえば，9.2.1 項で述べた誘拐状態の検知方法は，これまでの章で述べてきたような数学的な裏付けはなく，経験的な指標で定まっています。これはそもそも，自己位置推定の枠組みがベイズフィルタで定式化されているにもかかわらず，誘拐状態はその定式化内に存在しない状態を表現しているからといえます。そのため，やはり誘拐状態の検知というのは簡単な問題ではなく，可能であれば実施しないほうが好ましい操作ともいえます。

また，センサリセットを行うことも容易ではありません。式 (9.8) に示したセンサリセットを実現するためには，式 (9.10) に示すように，観測モデルからのパーティクルのサンプリングが要求されます。

$$\mathbf{x}_t^{[i]} \sim p(\mathbf{z}_t|\mathbf{x}_t, \mathbf{m}) \qquad\qquad (9.10)$$

式 (9.10) のようにサンプリングすることは，現在のセンサ観測値と地図の情報のみを基に，自己位置を定めるようなことであり，One-shot 自己位置推定を行っていることと等価になります。このサンプリングを実現する一つの方法として，地図上での存在可能な位置すべてで観測モデルを計算し，これを自己位置に関して正規化することで，サンプリングする分布を定めることも可能です。しかしこれは容易に想像できますが，分布を定めるために莫大な計算時間が要求されます。

一方で，式 (9.9) に示した膨張リセットは，実装は容易ですが，その効果を得やすい場合と得にくい場合が存在します。例えば，自動走行をしているロボットの自己位置を MCL で推定していて，スリップなどの予期せぬ事象により誘拐状態が発生した場合には，膨張リセットによるリセットは有効に働きます。これは，直前まで推定していた自己位置と，スリップによってずれた自己位置の距離が近いためです。文献 25) では，このような状態を「近距離の誘拐状態」と呼んでいます。一方，それ以外の場合，例えばまったく初期値に関する情報が得られていないような場合（文献 25) では「遠距離の誘拐状態」と呼んでいます）には，膨張リセットは有効に働かず，センサリセットを利用するほうが効果的です。

また，話は戻りますが，観測モデルからのサンプリングが可能となり，センサリセットが利用可能となったとしても，問題が発生します。もし環境中に，類似する形状の場所が複数存在すると，それらの地点にパーティクルがサンプリングされることは容易に想像できます。augmented MCL では，パーティクルの尤度は観測モデルのみを用いて決定されます。すなわち，複数の地点で尤度の高いパーティクルが存在するという状態が発生し，自己位置推定の結果が突発的に移動する事態が発生し得ます。初期値推定などの遠距離の誘拐状態から復帰するためには，このような突発的な移動が必要ですが，車輪のスリップなどが原因による近距離の誘拐状態からの復帰では，この機能は不要になります。一般に，センサリセットと膨張リセットのどちらの方法を用いるのがよいか切り分けることは，誘拐状態の検知同様，きわめて困難な問題です（誘拐状態の検知自体が難しいため，どのような誘拐状況にあるか判断することはより困難になります）。本章では，**重点サンプリング**（importance sampling）を用いて融合する方法を用い

て，この問題を解決します。これにより，突発的な自己位置推定結果のジャンプを抑えながらも，近距離，遠距離の誘拐状態からの即時の復帰が可能となります。

9.3　深層学習を用いた One-shot 自己位置推定と MCL の融合

　本節では，深層学習を用いた One-shot 自己位置推定と MCL の融合方法について解説します。これを理解するためには，重点サンプリングと，深層学習の予測の不確かさを理解することが重要になりますので，それらの解説を行います。

9.3.1　重点サンプリング

　具体的な融合方法を解説するにあたり，そもそもパーティクルフィルタにおいてパーティクルの尤度がどのように定まるのかを解説します。4 章では，パーティクルの尤度は観測モデルにより計算されると述べましたが，じつは，これは完全に正しい説明とはいえません。より正確には，パーティクルの尤度は**目標分布**（target distribution）と**提案分布**の商により定まります。目標分布とはパーティクルフィルタにより求める分布であり，すなわち事後分布です。提案分布とは，パーティクル群をサンプリングするために用いられる分布です。なぜこのようになるのか考えてみます。

　目標分布は事後分布であり，そこからサンプリングすることはできません。もしサンプリングできるのであれば，それはすでに事後分布を知っていることになり，そもそも推定を行う必要がありません。いま，この事後分布を $f(x)$ とし，ある任意の区間 $x \in A$ での $f(x)$ の期待値 $E_f[x \in A]$ を考えます。この期待値は式 (3.10b) より，式 (9.11) となります。

$$E_f[x \in A] = \int f(x)I(x \in A)dx \tag{9.11}$$

ここで $I(\cdot)$ は指示関数であり，括弧内の条件が真なら 1，そうでなければ 0 となります。ここで，$g(x)$ という新たな分布を用意し，式 (9.12) のように変形します。

$$E_f[x \in A] = \int \frac{f(x)}{g(x)}g(x)I(x \in A)dx \tag{9.12}$$

ここで $f(x)/g(x) = \omega(x)$ とすると，式 (9.13) のように書き換えられます。

$$E_g[\omega(x)I(x \in A)] \tag{9.13}$$

　式 (9.13) は，求めるべき期待値 $E_f[x \in A]$ が，$g(x)$ に対する期待値として計算できることを意味しています。このとき，$g(x)$ が提案分布となり，$g(x)$ からのサンプリングが可能であれば，$f(x)$ と $g(x)$ の商を求めることで，$\omega(x)$ が定まります。この $\omega(x)$ が**重要度係数**（importance factor）と呼ばれ，パーティクルの尤度となります。そして，このように任意の $g(x)$ を導入し，よりよいパーティクル群のサンプリングを実現する方法を重点サンプリングと呼びます。

すなわちパーティクルフィルタにおいては，パーティクル群のサンプリングのための提案分布を複数設定してよいということを意味しています。このように，複数の提案分布を持ち，重点サンプリングを介して融合される MCL を，**mixture MCL**[26)] と呼びます。

なお，式 (4.6) に示したとおり，確率的自己位置推定においては，目標分布が $p(\mathbf{x}_t|\mathbf{u}_{1:t}, \mathbf{z}_{1:t}, \mathbf{m})$，提案分布が式 (9.1) に示した予測分布 $\hat{b}(\mathbf{x}_t)$ となります。そのため，パーティクルの尤度が式 (9.14) に示すように，観測モデルで計算されることになります。

$$\omega_t = \frac{p(\mathbf{x}_t|\mathbf{u}_{1:t}, \mathbf{z}_{1:t}, \mathbf{m})}{\hat{b}(\mathbf{x}_t)} = \frac{\eta p(\mathbf{z}_t|\mathbf{x}_t, \mathbf{m})\hat{b}(\mathbf{x}_t)}{\hat{b}(\mathbf{x}_t)} = \eta p(\mathbf{z}_t|\mathbf{x}_t, \mathbf{m}) \tag{9.14}$$

9.3.2　深層学習の予測の不確かさ

前項で述べたとおり，パーティクルフィルタにおいては，複数の提案分布を導入することが可能です。ここで深層学習を用いて，この提案分布を作成することを考えます。これはつまり，深層学習を用いて，パーティクルをサンプリングする確率分布を定めるということを意味します。

ここで**ドロップアウト**（dropout）という方法を考えます。ドロップアウトとは，深層学習の学習時に，入力からの信号を出力に向かって伝播させる際に，ある一定のニューロンをランダムに不活性化させるという方法であり，過学習を防ぐために効果的であるとされていました[70)]。しかし，じつはこの方法が，深層学習の予測の不確かさを知るために利用できることが示唆されました[71)]。これは，「入力変数で条件付けられた出力変数の事後分布を求めることができる」と示唆されたことになります。詳細は割愛しますが，学習されたネットワークで予測を行う際に，複数の同じ入力を異なるドロップアウトパターンを適用して予測することで，深層学習の予測の不確かさが評価できるようになることを意味します。このように，不確かさを評価する方法を**モンテカルロドロップアウト**（Monte Carlo dropout）と呼びます[71)]。つまり，センサ観測値 $\mathbf{z}_t$ を入力として，自己位置 $\mathbf{x}_t$ を出力する One-shot 自己位置推定を行うネットワークを学習した場合には，式 (9.15) に示すサンプリングを行っているという関係を成り立たせることができます。

$$\mathbf{x}_t^{[l]} \sim p(\mathbf{x}_t|\mathbf{z}_t) \tag{9.15}$$

いま，同一のセンサ観測値 $\mathbf{z}_t$ を L 回入力し，都度，異なるドロップアウトパターンを適用し，L 個の自己位置のサンプルを得たとします。これらのサンプルに対応する重み $\omega_t^{[l]}$ を均一，すなわち $1/L$ であると仮定すると，5.1.1 項で述べたように，パーティクル群による確率分布の近似ができます。

$$p(\mathbf{x}_t|\mathbf{z}_t) \simeq \frac{1}{L}\sum_{l=1}^{L} \delta(\mathbf{x}_t - \mathbf{x}_t^{[l]}) \tag{9.16}$$

式 (9.16) の分布を得ることで，深層学習による予測の不確かさを知ることができます。

9.3.3 重点サンプリングを介した One-shot 自己位置推定の融合

式 (9.16) に示した深層学習により近似される確率分布を，パーティクル群サンプリングのための提案分布として利用することを考えます。このとき，深層学習によりサンプリングされたパーティクルの尤度は，式 (9.17) のように計算されます。

$$\omega_t = \frac{p(\mathbf{x}_t|\mathbf{u}_{1:t}, \mathbf{z}_{1:t}, \mathbf{m})}{p(\mathbf{x}_t|\mathbf{z}_t)} = \eta \frac{p(\mathbf{z}_t|\mathbf{x}_t, \mathbf{m})\hat{b}(\mathbf{x}_t)}{\frac{1}{L}\sum_{l=1}^{L}\delta(\mathbf{x}_t - \mathbf{x}_t^{[l]})} \tag{9.17}$$

つまり，観測モデルと予測分布の二つを用いて尤度を計算することになります。この尤度計算の枠組みこそが，One-shot 自己位置推定と MCL を融合させるうえで重要な計算となります。

いま，自己位置推定はパーティクルフィルタで実装されています。つまり予測分布は，式 (5.8) に示したように，動作モデルで更新されたパーティクル群により近似されたものとなっています。そのため，厳密にこれを計算することは困難です。次節にて解説する実装方法では，この予測分布を近似して計算する方法を採用します。

9.4　One-shot 自己位置推定と MCL の融合の実装

本節で述べる手法では，予測分布からサンプリングされるパーティクル群と，式 (9.16) に示したパーティクル群を用います。それぞれからサンプリングされたパーティクル群を $^{\mathrm{P}}\mathbf{s}_t$ と $^{\mathrm{O}}\mathbf{s}_t$ と表すこととします（P と O は predictive と One-shot の頭文字です）。処理の内容は以下のとおりです。

① 動作モデルに従って，パーティクル群 $^{\mathrm{P}}\mathbf{s}_{t-1}$ を更新する
② 観測モデルに従って，$^{\mathrm{P}}\mathbf{s}_t$ の尤度を計算する
③ One-shot 自己位置推を用いて，パーティクル群 $^{\mathrm{O}}\mathbf{s}_t$ をサンプリングする
④ 観測モデルと予測分布を用いて，$^{\mathrm{O}}\mathbf{s}_t$ の尤度を計算する
⑤ $^{\mathrm{P}}\mathbf{s}_t$ と $^{\mathrm{O}}\mathbf{s}_t$ を結合する
⑥ 結合されたパーティクル群の尤度に従って，自己位置を推定する
⑦ 不要なパーティクルを消滅させ，有効なパーティクルを複製して $^{\mathrm{P}}\mathbf{s}_t$ とする

One-shot 自己位置推を用いた $^{\mathrm{O}}\mathbf{s}_t$ のサンプリングに関しては，さまざまな実装方法が考えられますが，本書では深い解説を行いません。なお，文献 14) で著者が本手法を提案した際には，深層学習のフレームワークとして Keras[72] を用い，ROS 上で実装を行いました。より詳細には，メインの自己位置推定を行うプログラムを C++，深層学習によるサンプリングを Python でそれぞれ実装し，ROS の通信の機能を用いて統合を行いました。

以下では，観測モデルと予測分布を用いた $^{\mathrm{O}}\mathbf{s}_t$ の尤度計算，尤度に基づく自己位置の推定，および，パーティクルのリサンプリングに関して説明します。それ以外の実装は，5 章で解説している方法と同じになります。

9.4.1 One-shot 自己位置推定からサンプリングされたパーティクルの尤度計算

〔**1**〕**尤 度 計 算**　One-shot 自己位置推定からサンプリングされたパーティクルは，式 (9.17) に従って尤度が計算されます。通常の予測分布でサンプリングされたパーティクルの尤度計算と比べて異なることは，予測分布 $\hat{b}(\mathbf{x}_t)$ が尤度計算に加わることです。いま，自己位置推定がパーティクルフィルタで実装されているため，この予測分布は，動作モデルを用いて更新されたパーティクル群 $^{\mathrm{P}}\mathbf{s}_t$ によって近似されています。このパーティクル群を用いて，予測分布による尤度を計算する必要がありますが，これは厳密に計算することはできませんので，近似計算することを考えます†。

本書では，式 (9.18) のように近似することにします。

$$\hat{b}(^{\mathrm{O}}\mathbf{x}_t^{[l]}) \simeq \alpha \frac{1}{M} \sum_{i=1}^{M} \mathcal{N}(^{\mathrm{O}}\mathbf{x}_t^{[l]}; {}^{\mathrm{P}}\mathbf{x}_t^{[i]}, \Sigma) + (1 - \alpha)\mathrm{unif}(\mathbf{x}) \tag{9.18}$$

ここで，α は 0~1 の任意係数，M は予測分布からサンプリングされたパーティクルの数，Σ は任意の共分散行列，$\mathrm{unif}(\cdot)$ は $\mathbf{x}$ が存在し得る領域に対して定める一様分布です。$\frac{1}{M}\sum_{i=1}^{M} \mathcal{N}(^{\mathrm{O}}\mathbf{x}_t^{[l]}; {}^{\mathrm{P}}\mathbf{x}_t^{[i]}, \Sigma)$ は，予測分布を近似するパーティクル群 $^{\mathrm{P}}\mathbf{x}_t$ を用いて定める**混合ガウスモデル** (Gaussian mixture model) です。すなわち，$^{\mathrm{P}}\mathbf{x}_t^{[i]}$ を中心とする M 個の正規分布の和の平均です。この項は，One-shot 自己位置推定からサンプリングされたパーティクルが，予測分布からサンプリングされたパーティクル群に近いほど，尤度が高くなる項となります。

　式 (9.18) にて，一様分布 $\mathrm{unif}(\cdot)$ を定める必要性ですが，この項が存在しない場合，One-shot 自己位置推定からサンプリングされたパーティクルが，予測分布から離れた位置に存在する場合，尤度がほぼ 0 となってしまいます。そのため，遠距離の誘拐状態からの復帰が実現できなくなります（$\alpha = 1$ とした場合も，一様分布が存在しないことと等価となるため，同様のことが起こります）。この一様分布を定めることの物理的な意味ですが，「どのような動作を行ったとしても，すべての存在可能な位置に存在する可能性がある」ということを意味します。そのため，初期位置のわからない遠距離の誘拐状態などに対応することができます。しかしこの仮定は，少し大げさな仮定ともいえます。もし，遠距離の誘拐状態に対応する機能が必要ない，すなわち，車輪のスリップなどによる近距離の誘拐状態にのみ対応できればよい場合には，一様分布を定めなくてもよいことになります。ただしその場合には，式 (9.18) の Σ を大きめに見積もる必要があることに気を付けてください。

〔**2**〕**プログラムによる実装**　〔1〕の実装を行っているプログラムを**リスト 9.1** に示します。これは，include/E2EFusion.h の executeE2EFusion という関数の内部になります。この関数内では，尤度計算以外の処理も行われていますが，まずは尤度計算についてのみ解説します。3 行目から 8 行目までは，予測分布からサンプリングされたパーティクルの尤度計算に

---

†　もし，自己位置推定がカルマンフィルタで実装されている場合は，予測分布は正規分布となり，簡単に厳密な計算ができます。しかしその場合には，重点サンプリングのような発想が導入できません。

なっています。関数 calculateMeasurementModelForGivenParticles により，観測モデル
を用いて，与えられたパーティクル群の尤度を計算，取得します。

リスト **9.1** One-shot 自己位置推定によりサンプリングされたパーティクルの尤度計算
（include/E2EFusion.h）

```
 1  void executeE2EFusion(Scan scan) {
 2      // 予測分布から生成されたパーティクル群の尤度を計算（観測モデルのみ利用）
 3      std::vector<Particle> particles = getParticles();
 4      std::vector<double> modelLikelihoods =
            calculateMeasurementModelForGivenParticles(particles, scan);
 5      int totalParticleNum = particles.size() + e2eParticles_.size();
 6      double totalLikelihood = 0;
 7      for (size_t i = 0; i < particles.size(); i++)
 8          totalLikelihood += modelLikelihoods[i];
 9
10      // E2E で生成されたパーティクル群の尤度を計算（観測モデルと予測分布を利用）
11      std::vector<double> e2eMeasurementLikelihoods =
            calculateMeasurementModelForGivenParticles(e2eParticles_, scan);
12
13      // 予測分布を近似するパーティクル群で混合ガウスモデルを定めて予測分布を近似
14      // 一様分布は適当な小さな値としてしまう
15      double pUniform_ = 10e-6;
16      double varX = sigmaX_ * sigmaX_;
17      double varY = sigmaY_ * sigmaY_;
18      double varYaw = sigmaYaw_ * sigmaYaw_;
19      double normConst = 1.0 / sqrt(2.0 * M_PI * (varX + varY + varYaw));
20      double mapResolution = getMapResolution();
21      double angleResolution = 2.0 * M_PI / 360.0;
22      std::vector<double> e2eLikelihoods;
23      for (size_t i = 0; i < e2eParticles_.size(); i++) {
24          // 混合ガウス分布の計算
25          double gmmVal = 0.0;
26          for (size_t j = 0; j < particles.size(); j++) {
27              double dx = e2eParticles_[i].getX() - particles[j].getX();
28              double dy = e2eParticles_[i].getY() - particles[j].getY();
29              double dyaw = e2eParticles_[i].getYaw() - particles[j].
                  getYaw();
30              while (dyaw < -M_PI)
31                  dyaw += 2.0 * M_PI;
32              while (dyaw > M_PI)
33                  dyaw -= 2.0 * M_PI;
34              gmmVal += normConst * exp(-((dx * dx)/(2.0 * varX) + (dy *
                  dy) / (2.0 * varY) + (dyaw * dyaw) / (2.0 * varYaw)));
35          }
36          double pGMM = gmmVal * mapResolution * mapResolution *
                angleResolution / (double)particles.size();
37          double predLikelihood = dGMM_ * pGMM + dUniform_ * pUniform_;
38          double likelihood = predLikelihood * e2eMeasurementLikelihoods[i
                ];
39          e2eLikelihoods.push_back(likelihood);
40          totalLikelihood += likelihood;
```

```
41          }
42          double averageLikelihood = totalLikelihood / (double)totalParticleNum
               ;
43          setTotalLikelihood(totalLikelihood);
44          setAverageLikelihood(averageLikelihood);
45
46          // パーティクル群の尤度の正規化と有効サンプル数の計算
47          double sum = 0.0;
48          for (size_t i = 0; i < particles.size(); i++) {
49              double w = modelLikelihoods[i] / totalLikelihood;
50              particles[i].setW(w);
51              sum += w * w;
52          }
53          for (size_t i = 0; i < e2eParticles_.size(); i++) {
54              double w = e2eLikelihoods[i] / totalLikelihood;
55              e2eParticles_[i].setW(w);
56              sum += w * w;
57          }
58          double effectiveSampleSize = 1.0 / sum;
59          setEffectiveSampleSize(effectiveSampleSize);
60          // 略
61      };
```

11 行目から，深層学習によりサンプリングされたパーティクルの尤度計算が始まります。同様に関数 calculateMeasurementModelForGivenParticles を用いて，観測モデルから計算されるパーティクル群の尤度を取得します。その後，予測分布を用いた尤度計算を行います。なお，15 行目で宣言されている pUniform_ が，一様分布から計算される確率の値を表していますが，今回の実装では，適当に小さな値を入れて問題ないと仮定しています。

23 行目から混合ガウスモデルの計算が始まり，38 行目で One-shot 自己位置推定によりサンプリングされた，パーティクルの尤度が決まります。混合ガウスモデルで用いられる共分散行列 Σ は，適当な対角行列としています。なお，40 行目で totalLikelihood にこの尤度も追加されていることに注意してください。また，47 行目から有効サンプル数 effectiveSampleSize が計算されますが，この値を計算する際にも，One-shot 自己位置推定によりサンプリングされたパーティクル群の尤度が反映されています。

9.4.2 尤度に従った自己位置の推定

〔1〕 自己位置推定   各パーティクル群の尤度計算が終わった後に，これらのパーティクル群を $\mathbf{s}_t = ({}^{\mathrm{P}}\mathbf{s}_t, {}^{\mathrm{O}}\mathbf{s}_t)^{\top}$ のように結合させます。すなわち，実際に自己位置推定を行う際には，結合されたすべてのパーティクル群の情報を考慮することになります。この点が，5.1.4 項で述べた実装方法と異なることになります。

〔2〕 プログラムによる実装   リスト **9.2** に，自己位置を推定するための実装例を示します。基本的な実装内容は，リスト 5.8 に示した実装と大差はありません。17 行目から，One-shot

自己位置推定によりサンプリングされたパーティクル群も考慮されています。

リスト **9.2**　One-shot 自己位置推定と融合した際の自己位置推定の実装例（include/E2EFusion.h）

```
 1    void executeE2EFusion(Scan scan) {
 2        // 略
 3        // 位置の推定
 4        double tmpYaw = fusedPose_.getYaw();
 5        double x = 0.0, y = 0.0, yaw = 0.0;
 6        for (size_t i = 0; i < particles.size(); i++) {
 7            double w = particles[i].getW();
 8            x += particles[i].getX() * w;
 9            y += particles[i].getY() * w;
10            double dyaw = tmpYaw - particles[i].getYaw();
11            while (dyaw < -M_PI)
12                dyaw += 2.0 * M_PI;
13            while (dyaw > M_PI)
14                dyaw -= 2.0 * M_PI;
15            yaw += dyaw * w;
16        }
17        for (size_t i = 0; i < e2eParticles_.size(); i++) {
18            double w = e2eParticles_[i].getW();
19            x += e2eParticles_[i].getX() * w;
20            y += e2eParticles_[i].getY() * w;
21            double dyaw = tmpYaw - e2eParticles_[i].getYaw();
22            while (dyaw < -M_PI)
23                dyaw += 2.0 * M_PI;
24            while (dyaw > M_PI)
25                dyaw -= 2.0 * M_PI;
26            yaw += dyaw * w;
27        }
28        yaw = tmpYaw - yaw;
29        fusedPose_.setPose(x, y, yaw);
30        setMCLPose(fusedPose_);
31        // 略
32    }
```

9.4.3　リサンプリング

〔**1**〕　**リサンプリング**　　パーティクルフィルタなので，状態推定の後にリサンプリングを行います。しかし，毎ステップ尤度計算した数と同じ数のパーティクルをリサンプリングすると，One-shot 自己位置推定からサンプリングされて追加されたパーティクルの数だけ，パーティクル数が増えることとなってしまいます。また，One-shot 自己位置推定からのサンプリングは，特に時系列を考慮していないため，リサンプリングして情報を保持する必要はありません。そのため，予測分布によりサンプリングされたパーティクル群 $^{\mathrm{P}}\mathbf{s}_t$ と同じ数のパーティクルを，結合されたパーティクル群からリサンプリングします。

〔**2**〕　**プログラムによる実装**　　リスト **9.3** に，リサンプリングの実装例を示します。このリサンプリングの実装も，基本的にはリスト 5.9 と差はありません。リスト 5.9 に示したリサ

ンプリング方法と同様の方法を用いますが，10 行目から，`wBuffer` に One-shot 自己位置推定
からサンプリングされたパーティクルの重みも追加していきます。また 16 行目から始まるリ
サンプリングでは，どちらのパーティクル群から複製するかを考える実装となっています。

リスト 9.3 One-shot 自己位置推定と融合した際のリサンプリングの実装例（include/E2EFusion.h）

```
 1    void executeE2EFusion(Scan scan) {
 2        // 略
 3        // リサンプリング
 4        double resampleThreshold = getResampleThreshold();
 5        if (effectiveSampleSize < (double)totalParticleNum *
              resampleThreshold) {
 6            std::vector<double> wBuffer(totalParticleNum);
 7            wBuffer[0] = particles[0].getW();
 8            for (size_t i = 1; i < particles.size(); i++)
 9                wBuffer[i] = particles[i].getW() + wBuffer[i - 1];
10            for (size_t i = 0; i < e2eParticles_.size(); i++) {
11                int idx = i + particles.size();
12                wBuffer[idx] = e2eParticles_[i].getW() + wBuffer[idx - 1];
13            }
14
15            // 予測分布から生成されたパーティクル群と同じ数のパーティクルを
                 リサンプリングする
16            std::vector<Particle> resampledParticles;
17            for (size_t i = 0; i < particles.size(); i++) {
18                double darts = (double)rand() / ((double)RAND_MAX + 1.0);
19                bool resampled = false;
20                for (size_t j = 0; j < particles.size(); j++) {
21                    if (darts < wBuffer[j]) {
22                        Particle particle(particles[j].getPose(),
                                 particles[j].getW());
23                        resampledParticles.push_back(particle);
24                        resampled = true;
25                        break;
26                    }
27                }
28                if (!resampled) {
29                    for (size_t j = 0; j < e2eParticles_.size(); j++) {
30                        if (darts < wBuffer[j + particles.size()]) {
31                            Particle particle(e2eParticles_[j].getPose(),
                                     e2eParticles_[j].getW());
32                            resampledParticles.push_back(particle);
33                            break;
34                        }
35                    }
36                }
37            }
38            // 予測分布から生成されたパーティクル群をリサンプリングされた
                 パーティクル群で上書きする
39            particles = resampledParticles;
40        }
```

```
41          setParticles(particles);
42          // 略
43      }
```

9.5 One-shot 自己位置推定と MCL の融合の実行

9.5.1 実　装　例

上述した自己位置推定との融合方法の実装例をリスト **9.4** に示します。これは，src/
E2EFusion.cpp になります。12 行目と 13 行目の注意書きにもありますが，今回は深層学習を
用いずに，任意の規則に従うランダムサンプリング法を用いて，One-shot 自己位置推定からの
サンプリングを模擬しています[†]。

リスト **9.4** One-shot 自己位置推定との融合方法の実装例（src/E2EFusion.cpp）

```cpp
1   #include <stdio.h>
2   #include <stdlib.h>
3   #include <unistd.h>
4   #include <iostream>
5   #include <RobotSim.h>
6   #include <MCL.h>
7   #include <E2EFusion.h>
8
9   int main(int argc, char **argv) {
10      // 略
11
12      // 深層学習を用いずにランダムサンプリングで End-to-End 位置推定を再現
13      // 真値にノイズを加えた位置を中心にサンプリングを行う
14      int e2eParticleNum = 50;
15      // 真値に対して加えるノイズ
16      als::Pose e2eGTNoise(1.0, 1.0, 1.0 * M_PI / 180.0);
17      // パーティクルを生成する一様分布の範囲
18      als::Pose e2eUniformRange(10.0, 10.0, 10.0 * M_PI / 180.0);
19      // 正規分布から生成する場合に使用される分散
20      als::Pose e2eNormVar(1.0, 1.0, 1.0 * M_PI / 180.0);
21
22      int particleNum = 100;
23      als::E2EFusion mcl(argv[1], particleNum, e2eParticleNum);
24      mcl.setMCLPose(robotSim.getGTRobotPose());
25      mcl.resetParticlesDistribution(als::Pose(0.5, 0.5, 3.0 * M_PI /
          180.0));
26
27      // 観測モデルとして尤度場モデルを使用
28      mcl.useLikelihoodFieldModel();
29
```

[†] 厳密に，9.3 節で述べた方法を実装しているわけではありませんが，実施していることは同様であり，本
手法の有効性を確認するには，今回使用した模擬方法でも十分です。

```
30      double usleepTime = (1.0 / simulationHz) * 10e5;
31      while (!robotSim.getKillFlag()) {
32          // 略
33
34          // MCL と E2E を融合する位置推定の実行
35          mcl.updateParticles(deltaDist, deltaYaw);
36          // 真値にノイズを加えた位置を中心とする一様分布から生成
37          // mcl.generateE2EParticlesFromUniformDistribution(gtRobotPose,
                e2eGTNoise, e2eUniformRange);
38          // 真値にノイズを加えた位置を平均とする正規分布から生成
39          mcl.generateE2EParticlesFromNormalDistribution(gtRobotPose,
                e2eGTNoise, e2eNormVar);
40          mcl.executeE2EFusion(scan);
41          mcl.printMCLPose();
42          mcl.printEvaluationParameters();
43          mcl.plotE2EFusionWorld(plotRange, scan, mcl.getE2EParticles());
44
45          usleep(usleepTime);
46      }
47
48      return 0;
49  }
```

35 行目から One-shot 自己位置推定との融合を行います。37 行目の generateE2EParticles
FromUniformDistribution と，39 行目の generateE2EParticlesFromNormalDistribution
が，One-shot 自己位置推定からのサンプリングを模擬している箇所です。今回は，正規分布か
らサンプリングする方法を用います。

9.5.2 実 行 結 果

ALSEdu の build 内に入り，以下のコマンドを実行します。

```
$ ./E2EFusion ../maps/nic1f/
```

実行すると，図 9.1 に示す画面が表示されます。中心が推定された位置となっています。観
測値と地図が正しく照合されており，自己位置推定の結果が正しいことが確認できます。

推定位置の左側に存在する濃い灰色の線の集合が，One-shot 自己位置推定からサンプリング
されたパーティクルになります（今回の実装では，50 個のパーティクルをサンプリングしてい
ます）。これより，明らかに推定位置から離れてしまっていることが確認できます。式 (9.17)
に示したとおり，これらのパーティクルは観測モデルと予測分布を用いて尤度が計算されます。
この場合，明らかに観測モデル，予測分布を用いた尤度計算の結果が，どちらも小さくなります
（予測分布からサンプリングされたパーティクル群は推定位置周辺で収束しています）。そのた
め，One-shot 自己位置推定の結果が正しくない場合に，その影響を受けることがありません。

なお，このことは，ロボットが移動している状態でも確認できます。図 9.2 に，移動中の軌
跡を推定した結果を示します。One-shot は，One-shot 自己位置推定の結果を表しており，こ

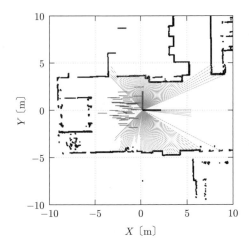

図 9.1 One-shot 自己位置推定との融合結果

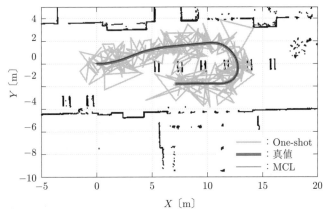

図 9.2 One-shot 自己位置推定と MCL の融合結果により
推定された移動軌跡

れは，サンプリングされたパーティクル群の平均の姿勢を示しています†。明らかに不安定な推定軌跡となっています。一方で推定結果である MCL は，滑らかに真値を追跡することができています。つまり，MCL で十分な機能を達成できる場合には，その機能のみを用いて自己位置推定を行えていることが確認できます。

つぎに，あえて自己位置推定に失敗した状態から始めてみます。リスト 9.4 の 24 行目の setMCLPose に，真値から離れた位置をセットします。なお今回，真値は $(x, y, \theta) = (0, 0, 0)$ となっていますが，初期位置を $(0, 2, 0)$ と設定しました（位置の単位は m です）。この状態でプログラムを実行すると，**図 9.3**(a) の結果が得られます。真値と異なった自己位置を与えているため，自己位置推定に失敗，すなわち誘拐状態にあることがわかります。しかし，One-shot 自己位置推定との融合を活かすことで，即座に復帰し，図 (b) の状態に戻ることができます。な

---

† One-shot 自己位置推定からサンプリングされるパーティクルは，真値を平均とした正規分布からサンプリングされていますが，サンプリングされる量が少ないため，これらの平均は真値と一致しません。

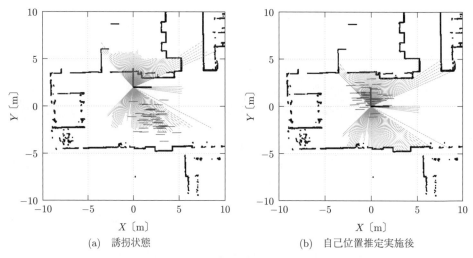

(a) 誘拐状態 　　　　　　　　　　　(b) 自己位置推定実施後

図 **9.3** One-shot 自己位置推定との融合を活かした
自己位置推定失敗状態からの復帰

お，もっと大きく離れた位置を初期位置としても，誘拐状態から復帰することができます。

　もし，予測分布のみを用いてパーティクルのサンプリングを行う場合，図 (a) の状態から復帰するためには，相当量移動しなければなりません。しかし，本章で紹介した One-shot 自己位置推定との融合を行うことで，即座の復帰を実現することができます。また図 9.1 と図 9.2 に示したとおり，予測分布からサンプリングされたパーティクル群が真値周辺で収束していれば，One-shot 自己位置推定の不安定な推定結果の影響を受けることもありません。すなわち，モデルに基づく滑らかな位置（軌跡）推定を実現しながら，One-shot 自己位置推定の失敗復帰の効果を享受することができます。

9.5.3　性 能 限 界

　本章で紹介した手法は，MCL と One-shot 自己位置推定を融合させる方法です。そのため当然ですが，この両手法が失敗してしまうような環境では，うまく動作することができません。それがどのような環境下かといえば，例えば，図 8.9 に示した廊下のような環境になります。もし，長い区間，廊下のような環境を走行すると，MCL の長手方向に対する不確かさは増大していきます。また One-shot 自己位置推定も，類似する環境が多いと，真値とは異なった地点に位置を推定してしまうことが頻発します。このような状態では，いくら両手法を融合したとしても，よい性能を得ることはできません。

　ここで，augmented MCL のように，予測分布以外からサンプリングされたパーティクルも観測モデルのみで尤度計算する場合と比較すれば，本手法は頑健に機能します。これは式 (9.17) に示したとおり，予測分布が尤度計算に含まれるためです。ただし，安定性の観点から考えれば，不用意に，誤った位置にサンプリングする可能性の高い One-shot 自己位置推定を乱用す

ることはよいとはいえません。そのため，やはり 7，8 章で解説した手法と併用し，位置推定に
失敗している可能性の高い場合に，このような手法との併用を実施するべきといえます。しか
し 9.2 節でも述べたとおり，誘拐状態の検知は数式に基づいて厳密に行えるものではありませ
ん。そのため，どこかしらで必ずヒューリスティックな実装が必要になってしまいます。

9.6　関　連　研　究

　本章で解説した手法は，重点サンプリングの考えを用いた mixture MCL に基づく実装法で
す。mixture MCL の実装は文献 26) に見られます（文献 1) にも mixture MCL に関する記述
はありますが，実装の詳細は省かれています）。文献 26) の実装では，観測モデルからのサンプ
リングは，密度ツリーを用いてデータから学習することで実現されています。mixture MCL の
実装には，ほぼ必ず近似が伴います。そのためか，mixture MCL に関する文献は，augmented
MCL と比較するとあまり多くないように感じます†。なお，パーティクルフィルタベースの
SLAM である FastSLAM[32] を改良した FastSLAM2.0[20] でも，重点サンプリングが導入され
ています。

　深層学習を用いた自己位置推定（本章では，One-shot 自己位置推定と呼びました）に関して
は，近年，数多くの研究例が報告されています。代表的なものは，9.1 節でも述べた Kendall ら
により提案された PoseNet です[54]。なお Kendall らは，モンテカルロドロップアウトを適用
し，PoseNet により予測された自己位置の不確かさをモデル化する方法も提案しています[73]。

　PoseNet は，現在の観測値のみを利用して自己位置を推定するため，One-shot 自己位置推
定といえます。しかし深層学習の中には，時系列情報を考慮するできるもの（例えば**長・短期
記憶**（long short-term memory：LSTM））もあり，これを用いた自己位置推定法も提案されて
います[74]。また，単純にセンサ観測値から自己位置を予測する End-to-End 以外の方法でも，
深層学習を自己位置推定に適用する試みが報告されています。文献 75) では，自己位置推定に
て行われる特徴抽出，最適化，フィルタリングなどの処理を複数のネットワークで実施して統
合する例が報告されています。また文献 76) では，End-to-End で自動走行を行うネットワー
クの出力を用いて，自己位置推定を行う方法も提案されています。これらの例からもわかると
おり，深層学習を用いた自己位置推定の例や種類は多数存在し，今後さまざまな方法が出現す
ることが予測されます。ただし，深層学習ベースの自己位置推定の限界も報告されており，必
ずしも MCL のようなモデルベース法より優れるわけではないということも理解しておくべき
といえます[77]。その意味でも，本章で解説したように，深層学習ベースの自己位置推定法を，
MCL などのモデルベース法と融合することは，有効な取組みになるといえます。なお，本章で

---

† augmented MCL では，予測分布と異なる分布からサンプリングされたパーティクルも観測モデルを用
　いて尤度計算を行うため，シンプルであるといえます。このシンプルさが好まれてか，mixture MCL は
　augmented MCL よりもマイナーな印象を感じます。

解説した手法と類似する試みが文献 78) で提案されています。こちらでも，深層学習からパーティクルをサンプリングし，MCL と融合するという方法が述べられていますが，この実装はaugmented MCL に基づく実装となっています。

　なお，関連する著者の研究として文献 79) があります。ここでは，**位相的データ解析**（topological data analysis）を用いて，観測・地図点群を圧縮し，大局的自己位置推定を行える One-shot 自己位置推定について述べています。位相的データ解析（より具体的には**パーシステントホモロジー**（persistent homology））を用いることで，大規模な点群データを比較的小さな 2 次元のダイアグラムとして表現することができます。これを用いて，ネットワークに観測値だけでなく，地図の情報を入力できるようにしています。ただし，よい精度で自己位置推定が行えるまでの成果は得られていません。しかしながら，位相的データ解析の考え方は非常に興味深く，今後，応用が広がる可能性も高いと感じるため，ここで紹介します。

9.7　ま　　と　　め

　本章では，One-shot 自己位置推定と MCL を融合させる方法について解説しました。One-shot 自己位置推定とは，現在のセンサ観測値のみから自己位置を推定する方法であり，モデルベースの方法で実現するにはかなり困難なものでした。しかし，近年の深層学習を初めとした機械学習の発展により，実現可能性が見えてきています。One-shot 自己位置推定ができると嬉しいことは沢山ありますが，そもそも MCL もかなり十分に機能する手法であり，むしろ大抵の場合は One-shot 自己位置推定より優位に機能します。しかしながら，MCL 単体で十分というわけではなく，誘拐状態からの復帰のためには，高精度な One-shot 自己位置推定が利用できると効果的です。そのため，これらをうまく融合したいというモチベーションが上がってきます。

　本章では，One-shot 自己位置推定として深層学習を仮定し，その出力を確率分布として解釈する方法であるモンテカルロドロップアウトを導入し，これを重点サンプリングを介して MCL と融合する方法を解説しました。重点サンプリングを介して融合することで，One-shot 自己位置推定からサンプリングされたパーティクルは，観測モデルと予測分布を用いて尤度計算を行われることを示しました。そしてこれにより，MCL の利点である滑らかな位置（軌跡）推定を実現しながら，One-shot 自己位置推定の利点を活かした誘拐状態からの即座の復帰を実現しました。

10 自己位置推定の 高性能化に向けて

本章ではまず，本書の目標である「自己位置推定を高度化する」というモチベーションに至った経緯，つまり従来の自己位置推定法が抱える課題について再度整理します。そして，本書がそれらの問題にどのようにアプローチし，解決したかを整理します。これらも踏まえて，さらなる課題と，今後の発展に関して解説します。

10.1 環境変化に対する自己位置推定の頑健性

10.1.1 頑健性保証の難しさ

自己位置推定の議論をしていて多くの方が興味を持つのは，環境が変化してしまった場合の推定の頑健性だと思います。頑健性を解説するにあたって重要になるのは，4.3 節で述べた観測モデルです。この観測モデルにおいて，環境の変化が適切に考慮できれば，観測が得られる確率である尤度の計算が正しく行われることとなり，動的環境でも破綻しない自己位置推定を行うことができます。

4.3 節では，代表的な観測モデルとして，ビームモデルと尤度場モデル[1] を紹介しました。それぞれのモデルにおいて，環境の変化を考慮した項（例えば式 (4.15) の $p_{short}(\cdot)$ と $p_{rand}(\cdot)$）が含まれています。そのため環境が変化した場合でも，これらのモデルが一定の整合性を持つため，動的に変化する環境においても自己位置推定を行うことが可能になります。しかしながら，これらの項で説明できる環境の変化はごく一部であり，起こり得る変化すべてを完全に考慮できるわけではありません。しかし，これ以外の変化を一つのモデルで考慮して実装することは容易ではありません。また容易に想像できると思いますが，観測モデルをどこまで工夫したとしても，実環境で起こる環境変化を正確に説明することは不可能です。そのため，「自己位置推定は絶対に失敗しないか」という問いに「はい」と答えることは，根本的に無理な課題となってきます。

また 8.1 節では，観測の独立性の仮定に関する問題を解説しました。観測の独立性を仮定するということは，それぞれの観測に加わるノイズに関連性がないと仮定することです。これは，静的な環境であれば正しい仮定なのですが，動的な環境では正しくない仮定となります。しかし，この仮定を設けることで，観測モデルの因数分解が可能となり，現実的に自己位置推定が実時間で解ける問題となります。つまり，観測の独立性が成り立たない動的な環境であっても，

独立性を仮定せざるを得ません。

　上記のことをまとめると，自己位置推定とは

- 観測の独立性の成り立たない状況で，その仮定が成り立つことを強引に仮定している
- そのうえで，完全に環境の動的変化を説明できるわけではない観測モデルを用いて，自己位置推定を行っている

ということになります。ここまで整理すると，自己位置推定が動的環境で必ず成功するわけではないということが理解できます。

10.1.2　頑健性向上のためのアプローチ

　上述のとおり，観測モデルを用いて尤度計算を行う場合，観測の独立性の仮定は必要不可欠です。そのため本書でも，観測の独立性の仮定は捨てませんでした。一方で，頑健性を上げるために，「観測物体のクラスと自己位置を同時に推定する」という方法を 6 章で解説しました。ここでいうクラスとは，「地図上に存在する・しない」というクラスを指しています[†]。

　6 章で解説した手法は，図 6.1 に示したモデルであり，図 4.1 に示した通常の自己位置推定のグラフィカルモデルと比べて，センサ観測値のクラス c_t が隠れ変数として追加されていることが異なります。このモデルを式展開していくと，式 (6.3) の「クラス条件付き観測モデル」が導出されることを示しました。このモデルは，センサ観測値のクラスを条件として含んでいるため，センサ観測値が得られる確率を考える際に，これらのクラスを明示的に導入することができるというものでした。これにより，モデル化の汎用性を向上させ，計算コスト，メモリコストの増大を招くことなく，ビームモデルや尤度場モデルよりも，頑健性を向上させることが可能であると確認しました。

　6 章で解説した手法は，数式的に見れば，自己位置だけでなく，自己位置とセンサ観測値のクラスを同時推定するという問題に拡張したものです。そのため，環境変化に対する頑健性を向上させるという目的は，数式的にはないといえます。しかしながら，自己位置推定を行うにあたり，観測物体が地図に存在する・しないという情報はきわめて重要であり，その情報を同時推定する方法に拡張することで，結果として自己位置推定の頑健性が向上することが確認できました。このように，単に自己位置推定を行うだけでなく，他の重要な情報を推定するような方法に拡張し，結果として性能向上を実現することが，自己位置推定の高度化であると考えています。

　しかし当然ですが，どこまでいっても環境の変化を適切に説明するモデルを作成することは不可能です。そのため，いくら頑健性が向上したといっても，それを理由にフェールセーフ機能の実装を怠ってよいことにはなりません。7～9 章で解説した手法は，これらのフェールセーフ機能に焦点を当てた手法となっています。

　[†]　より汎用的なクラスを扱う方法については，文献 31) で提案しています。

10.1.3 観測モデルに関するさらなる発展

上述のとおりですが，まずは，観測モデルが正確に環境変化を説明できる能力を持つことが，自己位置推定の頑健性を向上させるために最も重要となってきます。観測モデルの改良に関しては，これまで多くの手法が議論されてきましたが，まだまだ改良の余地はあると考えられます。また，近年の深層学習の発展により，物体認識が高精度に実現できるようになっており，このような物体情報を観測モデルに組み込むことも有用といえます。なお，本書ではそのような方法の解説を行いませんでしたが，関連する方法は文献 31) で提案しています（物体情報付きの地図を用意する必要などがあり，本書で扱う範囲を超えてしまうため省きました）。

観測の独立性を仮定しない観測モデルに関しても，議論が進むべきと考えています。特に近年の深層学習の発展により，これまでどうやってもモデル化できないようなものが，データ駆動的に獲得できるようになってきています。これらに対して深層学習を適用していくことも，興味深いアプローチになるだろうと考えています。

また 8.1.4 項でも述べましたが，環境が静的な場合は，観測の独立性を仮定することは問題ありません。つまり，オンラインで地図更新を行い，自己位置推定に用いる地図と実際の環境の間の矛盾が解消できれば，観測の独立性を仮定してよいことになります。これは，自己位置推定が抱える根本的な問題の解決に大きく貢献するため，これを実現することは重要性がきわめて高いといえます。ただし，ベイズフィルタに基づいてオンラインで SLAM を実行する場合，計算コスト，メモリコストの増大が大きな問題となります[†]。これに関しても，機械学習の活用などにより，オンライン地図更新と自己位置推定をベイズフィルタの枠組みで同時実行する手法の実現が重要と感じています。

10.2　自己位置推定結果の信頼度

10.2.1　自己位置推定結果の確信度と信頼度

自己位置推定を応用する（例えば自動運転に利用する）場合に重要となることは，自己位置推定が正しく機能しているかどうか，すなわち，自己位置推定結果の**信頼度**を知ることといえます。図 1.2 に一般的な自動走行システムのブロック図を示しましたが，このシステムでは，自己位置推定が最初に実行され，つぎに環境認識や経路計画などのプロセスが実行されます。すなわち，自己位置推定結果の信頼度は，システムの信頼度に直結するようなものとなります。しかしながら，自己位置推定を実施しても，その信頼度を知ることはできません。

式 (4.1) に示したとおり，確率的自己位置推定問題では，現時刻 t における自己位置 $\mathbf{x}_t$ に対する確率分布を求めます。確率分布の分布は，**不確かさ**（uncertainty）を表します。また，この不確かさと対をなす考えとして**確信度**があります。すなわち，不確かさが低い（推定された

[†] 現在主流となっている大規模環境で SLAM を行う際に利用されている技術は，ほとんどが最適化ベースの手法となっています（例えば文献 80) を参照してください）。

分布が収束している）場合は確信度が高く，不確かさが高い（推定された分布が収束していない）場合は確信度が低いということになります。確信度を信頼度と扱う例もありますが，これらは異なる状態を表す指標となります。

　信頼度が高い状態とは，自己位置推定結果が正しい状態であり，推定値と真値が近い状態を意味しています。しかし図 7.2 に示したとおり，確信度と信頼度は異なる状態を表す指標となっています。推定値と真値が近く信頼度が高い場合であっても，分布が収束していない場合は確信度が低くなります。また，推定値と真値が離れていて信頼度が低い場合であっても，分布が収束している場合は確信度が高くなります（いわゆる誤収束の場合です）。すなわち，確信度を得るだけでは，自己位置推定の正しさを知ることはできません。そして，通常の確率的自己位置推定を解いても，取得できるのは確信度のみであるため，信頼度を知ることができません。

10.2.2　信頼度推定のためのアプローチ

　7 章にて，「信頼度付き自己位置推定法」を解説しました。このモデルは図 7.1 に示したものであり，図 4.1 に示した通常の自己位置推定モデルと比較して，自己位置推定結果に対する正誤判断 d_t が可観測変数，自己位置推定状態 s_t が未知変数として新たに追加されています。ここでは，s_t が $s_t \in \{\text{success}, \text{failure}\}$ となる二値変数です。つまり，$p(s_t = \text{success})$ が自己位置推定に成功している確率を表し，これが信頼度となります。すなわち信頼度付き自己位置推定とは，明示的に自己位置推定結果の信頼度を知ることができるように拡張された方法になっています。

　自己位置推定結果に対する正誤判断分類器は，さまざまな実現方法があります。例えば，あるパラメータのしきい値に着目，または，機械学習を用いて自己位置推定の正誤を分類する方法が考えられます。また正誤判断の値は，辻褄（つま）が合えばどのような出力となっていても問題なく，例えば $0 \leq d_t \leq 1$ とし，1 に近いほど自己位置推定に成功していると判断するという実装方法も考えられます。この場合，正誤判断自体が自己位置推定に成功している確率とも解釈できますが，これを信頼度として直接は扱いません。これは，どのような正誤判断分類器にも誤りが含まれると考えるためです。

　信頼度付き自己位置推定では，正誤判断の結果を基に，信頼度をベイズ推定により求めることができる枠組みになっています。これはどういうことかというと，「正誤判断分類器の統計的性質を事前に調査しておき，その性能に基づいて，この正誤判断分類器が予測する自己位置推定に成功している確率を推定する」ということを意味します。つまり，事前に調べた統計的性質を考慮することが可能になるため，正誤判断分類器が誤った判断を行う可能性があることを考慮できるようになります。そしてその結果，正誤判断分類器の出力をそのまま自己位置推定の正誤判断として用いるよりも，安定して自己位置の正誤判断を行うことが可能になります。なお上述のとおり，今回推定している信頼度とは，あくまで使用する正誤判断分類器に基づく推定値であり，真に自己位置推定結果の正しさを表す指標にはなり得ません。しかし，ある一定の基準を持って，明示的に自己位置推定結果が信頼できるかどうかを定めること，かつそれ

が突発的に変化する値とならないことは，自動走行などのアプリケーションを想定した場合には必須の技術になるといえます。

10.2.3 より正確な信頼度を推定するために

信頼度付き自己位置推定法が推定する信頼度の精度は，使用する正誤判断分類器の性能に依存します。そのため，性能のよい正誤判断分類器を作成することが，推定される信頼度の精度向上につながります。8 章で解説した手法は，正誤判断分類器の精度向上に相当する取組みに関わるものです。しかしながら，計算時間の問題を抱えています。本書で解説した信頼度付き自己位置推定は，パーティクルフィルタを用いて実装されています。つまり，各パーティクルごとに正誤判断を行わなければならないため，8 章で解説した手法を適用することは，計算コスト的に困難です。

また，10.1 節でも述べましたが，観測の独立性の仮定を設けることが，自己位置推定における大きなボトルネックとなります。自己位置推定の正誤判断においても，これは問題となります。これに関しても，深層学習のようなデータ駆動的な方法を用いて，この独立性の仮定を不要とするアプローチの実現は，興味深い対象になり得ます。一例ですが，畳込みニューラルネットワークによる畳込み演算は，周囲の情報まで考慮した計算を実現してくれるため，これを用いた正誤判断分類器は，観測モデルに基づく正誤判断分類器と異なる性質を持って機能することが期待できます[8),9)]。

上記以外にも，複数の自己位置推定法を用いて，冗長システムを組むことも有用と考えられます（例えば文献 52),53) に見られます）。しかし，冗長システムの場合であっても，各手法の自己位置推定結果がどれだけ信頼できるかを知ることは必須になります。このような冗長システムを構築するにあたっても，信頼度付き自己位置推定の枠組みに基づくことは有用と考えられます。ただし，自己位置推定法には多くの場合，得手・不得手があり，冗長システムを用いるときは，結局のところ，経験的な使い分けに行き着く可能性は高いといえます。例えば，周囲に障害物が多い場合は LiDAR を用い，障害物のないようなオープンスペースでは GPS を用いるというような切替えに基づく方法です。実用上，このような方法は有効といえますが，どの地点でどの位置推定システムがどれだけ機能するかを定量的に評価できることは，自動走行システムの社会実装には不可欠な要因であると考えられます。

10.3 自己位置推定結果の正誤判断

10.3.1 センサ観測値と地図間の誤対応認識

7 章では，自己位置推定結果の信頼度を推定するための方法を述べました。この信頼度の精度は，自己位置推定の正誤判断を行う正誤判断分類器の性能に依存します。そこで 8 章では，この正誤判断を正確に行うことを目指した手法を解説しました。

10.1 節でも述べたとおり，観測モデルを計算するためには，観測の独立性を仮定し，観測モデルを因数分解します。因数分解するということは，積の形に分解するということです。積の計算結果は順序を入れ替えても変わりませんので，この因数分解は，観測モデルの計算において，観測の順序が考慮できなくなるということを意味します。これは言い換えると，観測値全体の関係性が無視されるということになります。

図 8.2 に自己位置推定に失敗している例を示しています。われわれ人間は，この結果を俯瞰することができるため，「対応すべき」観測値と地図が重なっていないことがすぐにわかり，誤対応が生じていることが理解できます。この「対応すべき」という関係が理解できるのは，観測値の順序を考慮し，その形状を正しくとらえられているためです。一方で，観測値の関係性が無視されると，1 点 1 点が対応しているか誤対応しているかしか考えられず，対応すべき関係が理解できなくなります。なお，この問題は，線などの形状を持つランドマークを用いた照合を考えても発生します。すなわち，観測の独立性を仮定すると，人間のように俯瞰した形での誤対応認識を行えなくなってしまいます。結果として，誤対応を認識することが困難な問題となります。

10.3.2 誤対応認識のアプローチ

上述のとおり，誤対応認識が困難になる理由は，観測値全体の関係性を考慮できなくなるためです。8 章では，図 8.3 に示した「未知変数全結合型のマルコフ確率場」を用いて，誤対応認識を行う方法を解説しました。図 8.3 のモデルでは，センサ観測値と地図上の障害物との間で定まる残差 **e** が，可観測変数として存在し，その親ノードとして未知変数 **y** を導入しています。この未知変数が，対応や誤対応といった属性を表す変数となっており，未知変数が全結合していることにより，観測値全体の関係性を考慮することが可能になります。なお，この誤対応認識は，自己位置推定とは別に実行されるものであることに留意してください。

誤対応推定を行うにあたり，残差が与えられたもとで，未知変数に関する事後分布を推定します。事後分布を推定することで，それぞれの観測値が誤対応しているかどうかを認識します。また，この誤対応認識の結果に基づいて，自己位置推定の正誤判断を行う方法を解説しました。この正誤判断により，7 章で用いた正誤判断法より正確な正誤判断が可能になります。ただし，計算時間の問題があり，現状では信頼度付き自己位置推定と統合することは困難です。

10.3.3 より正確な誤対応認識

図 8.3 に示した未知変数全結合型のマルコフ確率場を用いて，誤対応認識を行う方法を解説しましたが，じつはこの手法も，正確に観測値全体の関係性を考慮できているわけではありません。全結合することにより，観測値全体が対応しているか誤対応しているかどうかを考慮して，事後分布の推定を行えます。しかしながら，形状的な情報は何も考慮されていません。未知変数はあくまで全結合しているのみであり，各計測値の幾何的な位置までを考慮した実装に

なっていないためです。すなわち，10.3.1 項で述べたような「対応すべき関係」を正確に理解し，誤対応認識が行えているわけではありません。この認識を行うためにも，やはり観測の独立性に関する仮定を定めずに計算を行うことが必要になってきます。

　文献 8), 9) では，深層学習を用いた自己位置推定の正誤判断分類器を用いました。特に文献 9) では，ビームモデルと尤度場モデルを計算するために必要となるベクトル情報のみを用いて，正誤判断分類器の訓練を行いました。結果として，かなり高精度な正誤判断分類器が構築可能であることを確認しています。ビームモデルと尤度場モデルを計算する際には，因数分解をして観測値全体の関係を無視しますが，深層学習（特に畳込みニューラルネットワーク）はこの関係性を暗黙的に獲得しているということが期待できます。この結果も踏まえ，誤対応認識のために，深層学習を活用していくことも有効といえます。ただし，これらの機能はフェールセーフ機能に関わる部分であるため，暗黙的に獲得されたものに頼る方法がよいといいがたいのは事実です。そのため，信頼度付き自己位置推定実装のためには深層学習を活用するものの，そこで信頼度が低下したと判断された場合に，8 章で解説した手法を用いるということも，一つの有用な手段になり得ると考えています。

10.4　誘拐状態からの復帰

10.4.1　誘拐状態の検知と復帰の難しさ

　本書では，確率的自己位置推定を解くために MCL を用いました。MCL による自己位置推定が失敗した場合，すなわち真値周辺にパーティクルが存在しない状態を誘拐状態と呼びます。7, 8 章では，この誘拐状態を検知するための方法を解説しました。しかし，誘拐状態を検知しただけでは，自己位置推定が失敗していると知ることができただけであり，復帰して，再度自己位置推定を正しく行うことまではできません。そこで 9 章では，近年の機械学習の発展により実現可能性の見えつつある One-shot 自己位置推定と，MCL を融合し，誘拐状態からの復帰を実現する方法を解説しました。

　文献 25) では，誘拐状態の定義として式 (9.2) を定めています。この式の計算には，「真値周辺での積分」という操作が含まれます。しかし当然ながら，推定時に，自己位置に対する真値を知ることはできません（真値がわかるなら自己位置推定を行う必要はありません）。すなわち式 (9.2) は，定義こそ可能ですが，実際に計算できるものとはなっていません。そのため，誘拐状態の検知は，何かしらの経験的なパラメータを用いて行うことが一般的です。

　従来の方法では，観測モデルにより計算される尤度の値，もしくはその履歴を監視することで，誘拐状態を検知していました[22), 23)]。しかし，10.1 節でも述べたとおり，動的な環境で完全な説明性を持つ観測モデルを構築することは困難です。そのため，これらの方法に基づく検知は経験的な指標でしかなく，理論的な裏付けがありません。7, 8 章で解説した手法も，誘拐状態を検知するためにモデル化を行っていますが，これも誘拐状態をモデル化しているわけで

はありません（誘拐状態を検知するために，異なる方向からのモデル化を実施した取組みといえます）。そのためやはり，誘拐状態を検知するための正確なモデルを導出することは困難であり，理論レベルで誘拐状態の検知の確実性を保証することは困難になります。

また，もし誘拐状態が検知できたとしても，そこからの復帰は簡単には実現できません。復帰のために最も効果的な方法は，観測モデルからパーティクルをサンプリングすることといえます[23]。しかし，安直な方法でこのサンプリングを実現するためには，莫大な計算時間が要求されます。また，環境に類似する場所が存在すれば，複数地点にパーティクルがサンプリングされることになり，自己位置推定の結果が急激に移動することが起こり得ます。

10.4.2　誘拐状態からの復帰アプローチ

9章では，深層学習を用いて，One-shot 自己位置推定がある程度正確に行えることを前提とし，その予測結果をモンテカルロドロップアウトを用いて確率分布として取得し，重点サンプリングを介して MCL と融合する方法を解説しました。この方法は，mixture MCL に基づく方法です。なお類似する方法に augmented MCL がありますが，One-shot 自己位置推定からサンプリングされたパーティクルの尤度計算の方法が異なります。

前項のとおり，誘拐状態の検知は，理論レベルで保証できるものではありません。そのため，もし誘拐状態の検知が省けるなら，それは理論レベルの保証という観点からすると好ましいことといえます。本手法は，誘拐状態の検知を行うことなく，One-shot 自己位置推定の結果を融合するのみで，誘拐状態からの復帰を実現します。これだけ聞くと，One-shot 自己位置推定の精度が高いために実現可能な技術と感じられますが，One-shot 自己位置推定は過去の状態を考慮しないため，不安定な予測を行うこともあります。しかし本手法は，その影響を受けずに MCL との融合を可能にします。つまり，MCL で十分な場合は MCL を用いた自己位置推定が行われ，誘拐状態に陥った場合にのみ，One-shot 自己位置推定を活用し，即座に誘拐状態から復帰します。これが重点サンプリングを介して融合させたことによる効果です。なお，本手法は MCL と One-shot 自己位置推定の融合による自己位置推定なので，両手法がうまく機能しない環境では機能しなくなります。

10.4.3　より正確な誘拐状態からの復帰

誘拐状態からの復帰を扱ううえで，最も大きな問題は，誘拐状態を正しく定義する指標の計算ができないことといえます。すなわち，誘拐状態に陥っていないのに，無駄な復帰処理を行ってしまう可能性は確実に残ってしまいます。9章で解説した手法は，無駄な復帰処理が行われても，その影響を最大限に無視することを目標としています。ただし，無駄な復帰処理が計算コストやシステムの不安定さを増大させることは事実です。

一方で，7，8章で解説した手法は，式 (9.2) に示した誘拐状態の定義の計算と異なるアプローチで，誘拐状態を検知するための指標のモデル化を行っています。そのため，これらにより誘

拐状態が検知された場合にのみ，One-shot 自己位置推定などを用いて復帰処理を行う方法は効果的と考えられます。ただし，誘拐状態の検知も確実に機能するわけではないことを踏まえる必要があるため，近距離の誘拐状態からの復帰に時間を要するといった問題が発生することも考えられます。

　復帰処理，すなわち One-shot 自己位置推定の性能を向上させることは，復帰の精度を向上させるためにきわめて効果的です。ここでは「One-shot」と形容していますが，当然，時系列を考慮した深層学習ベースの自己位置推定法と融合することも効果的といえます[74]。ただし，深層学習ベースの自己位置推定には限界があるとの指摘もされており[77]，そのような限界があることは把握しておくべきといえます。また近年では，位相的データ解析を用いて，深層学習の予測結果などを評価できる可能性があることが示唆されています[81],[82]。このような方法の適用も視野に入れ，深層学習ベースの自己位置推定法の安定性を評価可能にすることも，誘拐状態からの復帰の精度を向上させるために役立つと期待できます。

10.5 ま　と　め

　本章では，再度，従来の自己位置推定法が抱える課題を整理し，かつ本書で解説した手法がどのようにその課題を解決するかを整理しました。また，これらの手法で解決できたことと，まだ不十分なことを整理し，今後の展望をそれぞれ解説しました。

　近年の 3D LiDAR の普及もあり，さまざまな環境で自己位置推定は頑健に行えるようになってきました。これに基づいて，自動運転の走行実験が行われる例も多数報告されており，自己位置推定，特に LiDAR に基づく自己位置推定は，完成された技術のように扱われていると感じます。しかし，より深くその中身を理解すると，まだまだ未解決な部分であったり，不確実な仮定のもとに，運よく機能しているシステムであるということが理解できます。本書が伝えたかった部分はまさしくそれらであり，著者自身は，確実な自動走行を実現するためにも，本書で解説した手法の必要性を強く感じています。本書が，自動走行システムなど，自己位置推定を必須とする技術の発展に貢献することを願い，これにより，そのテクノロジーの恩恵を社会が受けられるようになれば幸いです。

引用・参考文献

1) Sebastian Thrun, Wolfram Burgard, and Dieter Fox：Probabilistic Robotics (Intelligent robotics and autonomous agents), MIT Press (2005)

2) 上田隆一：詳解 確率ロボティクス　Python による基礎アルゴリズムの実装，講談社 (2019)

3) 友納正裕：SLAM 入門　ロボットの自己位置推定と地図構築の技術，オーム社 (2018)

4) Naoki Akai, Kazumichi Inoue, and Koichi Ozaki：Autonomous navigation based on magnetic and geometric landmarks on environmental structure in real world, Journal of Robotics and Mechatronics, **26**(2), pp.158–165 (2014)

5) Naoki Akai, Kenji Yamauchi, Kazumichi Inoue, Yasunari Kakigi, Yuki Abe, and Koichi Ozaki：Development of mobile robot "SARA" that completed mission in real world robot challenge 2014, Journal of Robotics and Mechatronics, **27**(4), pp.327–336 (2015)

6) Naoki Akai, Luis Yoichi Morales, Eijiro Takeuchi, Yuki Yoshihara, and Yoshiki Ninomiya：Robust localization using 3D NDT scan matching with experimentally determined uncertainty and road marker matching, In 2017 IEEE Intelligent Vehicles Symposium (IV), pp.1356–1363 (2017)

7) Naoki Akai, Luis Yoichi Morales, Takuma Yamaguchi, Eijiro Takeuchi, Yuki Yoshihara, Hiroyuki Okuda, Tatsuya Suzuki, and Yoshiki Ninomiya：Autonomous driving based on accurate localization using multilayer LiDAR and dead reckoning, In 2017 IEEE International Conference on Intelligent Transportation Systems (ITSC), pp.1147–1152 (2017)

8) Naoki Akai, Luis Yoichi Morales, and Hiroshi Murase：Simultaneous pose and reliability estimation using convolutional neural network and Rao-Blackwellized particle filter, Advanced Robotics, **32**(17), pp.930–944 (2018)

9) Naoki Akai, Luis Yoichi Morales, and Hiroshi Murase：Reliability estimation of vehicle localization result, In 2018 IEEE Intelligent Vehicles Symposium (IV), pp.740–747 (2018)

10) Naoki Akai, Luis Yoichi Morales, and Hiroshi Murase：Mobile robot localization considering class of sensor observations, In 2018 IEEE/RSJ International Conference on Intelligent Robots and Systems (IROS), pp.3159–3166 (2018)

11) Naoki Akai, Luis Yoichi Morales, Takatsugu Hirayama, and Hiroshi Murase：Toward localization-based automated driving in highly dynamic environments: Comparison and discussion of observation models, In 2018 IEEE International Conference on Intelligent Transportation Systems (ITSC), pp.2215–2222 (2018)

12) Naoki Akai, Takatsugu Hirayama, and Hiroshi Murase：3D Monte Carlo localization with efficient distance field representation for automated driving in dynamic environments, In 2020 IEEE Intelligent Vehicles Symposium (IV), pp.1588–1595 (2020)

13) Naoki Akai, Luis Yoichi Morales, Takatsugu Hirayama, and Hiroshi Murase：Misalignment recognition using Markov random fields with fully connected latent variables for detecting

localization failures, IEEE Robotics and Automation Letters, **4**(4), pp.3955–3962 (2019)

14) Naoki Akai, Takatsugu Hirayama, and Hiroshi Murase：Hybrid localization using model- and learning-based methods: Fusion of Monte Carlo and E2E localizations via importance sampling, In 2020 IEEE International Conference on Robotics and Automation (ICRA), pp.6469–6475 (2020)

15) Paul J. Besl and Neil D. McKay：A method for registration of 3-D shapes, IEEE Transactions on Pattern Analysis and Machine Intelligence, **14**(2), pp.239–256 (1992)

16) Peter Biber and Wolfgang Straßer：The normal distributions transform: A new approach to laser scan matching, In 2003 IEEE/RSJ International Conference on Intelligent Robots and Systems (IROS), **3**, pp.2743–2748 (2003)

17) Christopher M. Bishop：Pattern Recognition and Machine Learning, Springer (2006)
（C.M. ビショップ 著，元田　浩，栗田多喜夫，樋口知之，松本裕治，村田　昇 監訳：パターン認識と機械学習（上・下），丸善出版 (2012)）

18) Sven Olufs and Markus Vincze：An efficient area-based observation model for Monte-Carlo robot localization, In 2009 IEEE/RSJ International Conference on Intelligent Robots and Systems (IROS), pp.13–20 (2009)

19) Eijiro Takeuchi, Kazunori Ohno, and Satoshi Tadokoro：Robust localization method based on free-space observation model using 3D-map, In 2010 IEEE International Conference on Robotics and Biomimetics (ROBIO), pp.973–979 (2010)

20) Giorgio Grisetti, Cyrill Stachniss, and Wolfram Burgard：Improved techniques for grid mapping with Rao-Blackwellized particle filters, IEEE Transactions on Robotics, **23**(1), pp.34–46 (2007)

21) Dieter Fox：KLD-sampling: Adaptive particle filters, Advances in Neural Information Processing Systems, **14**, pp.713–720, MIT Press (2002)

22) Jens-Steffen Gutmann and Dieter Fox：An experimental comparison of localization methods continued, In 2002 IEEE/RSJ International Conference on Intelligent Robots and Systems (IROS), **1**, pp.454–459 (2002)

23) Scott Lenser and Manuela Veloso：Sensor resetting localization for poorly modelled mobile robots, In 2000 IEEE International Conference on Robotics and Automation (ICRA), **2**, pp.1225–1232 (2000)

24) Ryuichi Ueda, Tamio Arai, Kohei Sakamoto, Toshifumi Kikuchi, and Shogo Kamiya：Expansion resetting for recovery from fatal error in Monte Carlo localization - comparison with sensor resetting methods, In 2004 IEEE/RSJ International Conference on Intelligent Robots and Systems (IROS), **3**, pp.2481–2486 (2004)

25) 上田隆一，新井民夫，浅沼和範，梅田和昇，大隅　久：パーティクルフィルタを利用した自己位置推定に生じる致命的な推定誤りからの回復法，日本ロボット学会誌，**23**(4), pp.466–473 (2005)

26) Sebastian Thrun, Dieter Fox, Wolfram Burgard, and Frank Dellaert：Robust Monte Carlo localization for mobile robots, Artificial Intelligence, **128**(1), pp.99–141 (2001)

27) Dieter Fox, Wolfram Burgard, and Sebastian Thrun：Markov localization for mobile robots in dynamic environments, Journal of Artificial Intelligence Research, **11**(1), pp.391–427 (1999)

28) Naoki Akai and Koichi Ozaki：Gaussian processes for magnetic map-based localization in

large-scale indoor environments, In 2015 IEEE/RSJ International Conference on Intelligent Robots and Systems (IROS), pp.4459–4464 (2015)

29) Janne Haverinen and Anssi Kemppainen：Global indoor self-localization based on the ambient magnetic field, Robotics and Autonomous Systems, **57**(10), pp.1028–1035 (2009)

30) Martin Frassl, Michael Angermann, Michael Lichtenstern, Patrick Robertson, Brian J. Julian, and Marek Doniec：Magnetic maps of indoor environments for precise localization of legged and non-legged locomotion, In 2013 IEEE/RSJ International Conference on Intelligent Robots and Systems (IROS), pp.913–920 (2013)

31) Naoki Akai, Takatsugu Hirayama, and Hiroshi Murase：Semantic localization considering uncertainty of object recognition, IEEE Robotics and Automation Letters, **5**(3), pp.4384–4391 (2020)

32) Michael Montemerlo and Sebastian Thrun：Simultaneous localization and mapping with unknown data association using FastSLAM, In 2003 IEEE International Conference on Robotics and Automation (ICRA), **2**, pp.1985–1991 (2003)

33) 赤井直紀，モラレスルイス洋一，平山高嗣，村瀬　洋：幾何地図上での観測物体の有無を考慮した自己位置推定，計測自動制御学会論文集，**55**(11), pp.745–753 (2019)

34) Vijay Badrinarayanan, Alex Kendall, and Roberto Cipolla：SegNet: A deep convolutional encoder-decoder architecture for image segmentation, IEEE Transactions on Pattern Analysis and Machine Intelligence, **39**(12), pp.2481–2495 (2017)

35) Jens Behley, Martin Garbade, Andres Milioto, Jan Quenzel, Sven Behnke, Cyrill Stachniss, and Juergen Gall：SemanticKITTI: A dataset for semantic scene understanding of LiDAR sequences, In 2019 IEEE/CVF International Conference on Computer Vision (ICCV), pp.9297–9307 (2019)

36) Andreas Geiger, Philip Lenz, and Raquel Urtasun：Are we ready for autonomous driving? the KITTI vision benchmark suite, In 2012 IEEE/CVF Conference on Computer Vision and Pattern Recognition (CVPR), pp.3354–3361 (2012)

37) Andreas Geiger, Philip Lenz, Christoph Stiller, and Raquel Urtasun：Vision meets robotics: The KITTI dataset, International Journal of Robotics Research, **32**(11), pp.1231–1237 (2013)

38) Di Wang, Jianru Xue, Zhongxing Tao, Yang Zhong, Dixiao Cui, Shaoyi Du, and Nanning Zheng：Accurate mix-norm-based scan matching, In 2018 IEEE/RSJ International Conference on Intelligent Robots and Systems (IROS), pp.1665–1671 (2018)

39) Sebastian Brechtel, Tobias Gindele, and Rüdiger Dillmann：Recursive importance sampling for efficient grid-based occupancy filtering in dynamic environments, In 2010 IEEE International Conference on Robotics and Automation (ICRA), pp.3932–3938 (2010)

40) Daniel Meyer-Delius, Maximilian Beinhofer, and Wolfram Burgard：Occupancy grid models for robot mapping in changing environments, In 2012 AAAI Conference on Artificial Intelligence (AAAI), pp.2024–2030 (2012)

41) Jari Saarinen, Henrik Andreasson, and Achim J. Lilienthal：Independent Markov chain occupancy grid maps for representation of dynamic environments, In 2012 IEEE/RSJ International Conference on Intelligent Robots and Systems (IROS), pp.3489–3495 (2012)

42) Chieh-Chih Wang, Charles Thorpe, Sebastian Thrun, Martial Hebert, and Hugh Durrant-

Whyte：Simultaneous localization, mapping and moving object tracking, International Journal of Robotics Research, **26**(9), pp.889–916 (2007)

43) Gian Diego Tipaldi, Daniel Meyer-Delius, and Wolfram Burgard：Lifelong localization in changing environments, International Journal of Robotics Research, **32**(14), pp.1662–1678 (2013)

44) Daniel Meyer-Delius, Jürgen Michael Hess, Giorgio Grisetti, and Wolfram Burgard：Temporary maps for robust localization in semi-static environments, In 2010 IEEE/RSJ International Conference on Intelligent Robots and Systems (IROS), pp.5750–5755 (2010)

45) Rafael Valencia, Jari Saarinen, Henrik Andreasson, Joan Vallvé, Juan Andrade Cetto, and Achim J. Lilienthal：Localization in highly dynamic environments using dual-timescale NDT-MCL, In 2014 IEEE International Conference on Robotics and Automation (ICRA), pp.3956–3962 (2014)

46) Shao-Wen Yang and Chieh-Chih Wang：Feasibility grids for localization and mapping in crowded urban scenes, In 2011 IEEE International Conference on Robotics and Automation (ICRA), pp.2322–2328 (2011)

47) Jiwoong Kim and Woojin Chung：Robust localization of mobile robots considering reliability of LiDAR measurements, In 2018 IEEE International Conference on Robotics and Automation (ICRA), pp.6491–6496 (2018)

48) Jo-Anne Ting, Evangelos Theodorou, and Stefan Schaal：A Kalman filter for robust outlier detection, In 2007 IEEE/RSJ International Conference on Intelligent Robots and Systems (IROS), pp.1514–1519 (2007)

49) Simo Särkkä and Aapo Nummenmaa：Recursive noise adaptive Kalman filtering by variational Bayesian approximations, IEEE Transactions on Automatic Control, **54**(3), pp.596–600 (2009)

50) Yoav Freund and Robert E Schapire：A decision-theoretic generalization of on-line learning and an application to boosting, Journal of Computer and System Sciences, **55**(1), pp.119–139 (1997)

51) Frank Rosenblatt：Principles of Neurodynamics: Perceptrons and the Theory of Brain Mechanisms, Spartan Books (1961)

52) Paul Sundvall and Patric Jensfelt：Fault detection for mobile robots using redundant positioning systems, In 2006 IEEE International Conference on Robotics and Automation (ICRA), pp.3781–3786 (2006)

53) Juan Pablo Mendoza, Manuela Veloso, and Reid Simmons：Mobile robot fault detection based on redundant information statistics, computer sciences (2012)

54) Alex Kendall, Matthew Grimes, and Roberto Cipolla：PoseNet: A convolutional network for real-time 6-DOF camera relocalization, In 2015 IEEE International Conference on Computer Vision (ICCV), pp.2938–2946 (2015)

55) Håkan Almqvist, Martin Magnusson, Tomasz Piotr Kucner, and Achim J. Lilienthal：Learning to detect misaligned point clouds, Journal of Field Robotics, **35**(5), pp.662–677 (2018)

56) Weikun Zhen, Sam Zeng, and Sebastian Scherer：Robust localization and localizability estimation with a rotating laser scanner, In 2017 IEEE International Conference on Robotics

and Automation (ICRA), pp.6240–6245 (2017)

57) Simona Nobili, Georgi Tinchev, and Maurice Fallon : Predicting alignment risk to prevent localization failure, In 2018 IEEE International Conference on Robotics and Automation (ICRA), pp.1003–1010 (2018)

58) Zayed Alsayed, Guillaume Bresson, Anne Verroust-Blondet, and Fawzi Nashashibi : Failure detection for laser-based SLAM in urban and peri-urban environments, In 2017 IEEE International Conference on Intelligent Transportation Systems (ITSC), pp.1–7 (2017)

59) Zayed Alsayed, Guillaume Bresson, Anne Verroust-Blondet, and Fawzi Nashashibi : 2D SLAM correction prediction in large scale urban environments, In 2018 IEEE International Conference on Robotics and Automation (ICRA), pp.5167–5174 (2018)

60) Li-Ta Hsu : GNSS mulitpath detection using a machine learning approach, In 2017 IEEE International Conference on Intelligent Transportation Systems (ITSC), pp.1414–1419 (2017)

61) Naoki Akai, Takatsugu Hirayama, Luis Yoichi Morales, Yasuhiro Akagi, Hailong Liu, and Hiroshi Murase : Driving behavior modeling based on hidden Markov models with driver's eye-gaze measurement and ego-vehicle localization, In 2019 IEEE Intelligent Vehicles Symposium (IV), pp.828–835 (2019)

62) John Stechschulte and Christoffer Heckman : Hidden Markov random field iterative closest point, CoRR, abs/1711.05864 (2017)

63) Sébastien Granger and Xavier Pennec : Multi-scale EM-ICP: A fast and robust approach for surface registration, In 2002 European Conference on Computer Vision (ECCV), pp.418–432 (2002)

64) Jeroen Hermans, Dirk Smeets, Dirk Vandermeulen, and Paul Suetens : Robust point set registration using EM-ICP with information-theoretically optimal outlier handling, In 2011 IEEE/CVF Conference on Computer Vision and Pattern Recognition (CVPR), pp.2465–2472 (2011)

65) Fabio T. Ramos, Dieter Fox, and Hugh F. Durrant-Whyte : CRF-Matching: Conditional random fields for feature-based scan matching, In Robotics: Science and Systems (RSS) (2007)

66) Manjari Chandran-Ramesh and Paul Newman : Assessing map quality using conditional random fields, In Field and Service Robotics (FSR), **42** (2007)

67) Manjari Chandran-Ramesh and Paul Newman : Assessing map quality and error causation using conditional random fields, IFAC Proceedings Volumes, **40**(15), pp.463–468 (2007)

68) Meng Yang, Lei Zhang, Jian Yang, and David Zhang : Robust sparse coding for face recognition, In 2011 IEEE/CVF Conference on Computer Vision and Pattern Recognition (CVPR), pp.625–632 (2011)

69) Xiangyong Cao, Yang Chen, Qian Zhao, Deyu Meng, Yao Wang, Dong Wang, and Zongben Xu : Low-rank matrix factorization under general mixture noise distributions, In 2015 IEEE International Conference on Computer Vision (ICCV), pp.1493–1501 (2015)

70) Nitish Srivastava, Geoffrey Hinton, Alex Krizhevsky, Ilya Sutskever, and Ruslan Salakhutdinov : Dropout: A simple way to prevent neural networks from overfitting, The Journal of Machine Learning Research, **15**(1), pp.1929–1958 (2014)

71) Yarin Gal and Zoubin Ghahramani：Dropout as a Bayesian approximation: Representing model uncertainty in deep learning, International Conference on Machine Learning, **48**, pp.1050–1059 (2016)

72) François Chollet：Keras. https://keras.io (2015)

73) Alex Kendall and Roberto Cipolla：Modelling uncertainty in deep learning for camera re-localization, In 2016 IEEE International Conference on Robotics and Automation (ICRA), pp.4762–4769 (2016)

74) Florian Walch, Caner Hazirbas, Laura Leal-Taixé, Torsten Sattler, Sebastian Hilsenbeck, and Daniel Cremers：Image-based localization using LSTMs for structured feature correlation, In 2017 IEEE International Conference on Computer Vision (ICCV), pp.627–637 (2017)

75) Weixin Lu, Yao Zhou, Guowei Wan, Shenhua Hou, and Shiyu Song：L^3-Net: Towards learn-ing based LiDAR localization for autonomous driving, In 2019 IEEE/CVF Conference on Computer Vision and Pattern Recognition (CVPR), pp.6382–6391 (2019)

76) Alexander Amini, Guy Rosman, Sertac Karaman, and Daniela Rus：Variational end-to-end navigation and localization, In 2019 IEEE International Conference on Robotics and Automation (ICRA), pp.8958–8964 (2019)

77) Torsten Sattler, Qunjie Zhou, Marc Pollefeys, and Laura Leal-Taixé：Understanding the limitations of CNN-based absolute camera pose regression, In 2019 IEEE/CVF Conference on Computer Vision and Pattern Recognition (CVPR), pp.3297–3307 (2019)

78) Li Sun, Daniel Adolfsson, Martin Magnusson, Henrik Andreasson, Ingmar Posner, and Tom Duckett：Localising faster: Efficient and precise LiDAR-based robot localisation in large-scale environments, In 2020 IEEE International Conference on Robotics and Automation (ICRA), pp.4386–4392 (2020)

79) Naoki Akai, Takatsugu Hirayama, and Hiroshi Murase：Persistent homology in LiDAR-based ego-vehicle localization, In 2021 IEEE Intelligent Vehicles Symposium (IV), pp.889–896 (2021)

80) Rainer Kümmerle, Giorgio Grisetti, Hauke Strasdat, Kurt Konolige, and Wolfram Burgard：g^2o: A general framework for graph optimization, In 2011 IEEE International Conference on Robotics and Automation (ICRA), pp.3607–3613 (2011)

81) Gregory Naitzat, Andrey Zhitnikov, and Lek-Heng Lim：Topology of deep neural networks, Journal of Machine Learning Research 21, pp.1–40 (2020)

82) Naoki Akai, Takatsugu Hirayama, and Hiroshi Murase：Experimental stability analysis of neural networks in classification problems with confidence sets for persistence diagrams, Neural Networks, **143**, pp.42–51 (2021)

索　　引

―― 著 者 略 歴 ――

2012年　宇都宮大学工学部機械システム工学科卒業
2013年　宇都宮大学大学院工学研究科博士前期課程修了（機械知能工学専攻）
2016年　宇都宮大学大学院工学研究科博士後期課程修了（システム創成工学専攻），
　　　　博士（工学）
2016年　名古屋大学特任助教
2020年　名古屋大学助教
2022年　株式会社 LOCT 代表取締役（兼務）
　　　　現在に至る

LiDAR を用いた高度自己位置推定システム
―― 移動ロボットのための自己位置推定の高性能化とその実装例 ――
An Advanced Localization System Using LiDAR
―― Performance Improvement of Localization for Mobile Robots
　　and Its Implementation ――　　　　　　　　　　　　　 ⓒ Naoki Akai 2022

2022 年 6 月 16 日　初版第 1 刷発行　　　　　　　　　　　　　　　　★
2023 年 4 月 25 日　初版第 2 刷発行

検印省略	著　者	赤　井　直　紀
	発 行 者	株式会社　コロナ社
		代 表 者　牛 来 真 也
	印 刷 所	三 美 印 刷 株 式 会 社
	製 本 所	有限会社　愛千製本所

112-0011　東京都文京区千石 4-46-10
発 行 所　株式会社　コロナ社
CORONA PUBLISHING CO., LTD.
Tokyo Japan
振替 00140-8-14844・電話(03)3941-3131(代)
ホームページ https://www.coronasha.co.jp

ISBN 978-4-339-03240-6　C3053　Printed in Japan　　　　　（森）

モビリティイノベーションシリーズ

(各巻B5判)

■編集委員長　森川高行
■編集副委員長　鈴木達也
■編　集　委　員　青木宏文・赤松幹之・稲垣伸吉・上出寛子・河口信夫・
　（五十音順）　佐藤健哉・高田広章・武田一哉・二宮芳樹・山本俊行

　　交通事故，渋滞，環境破壊，エネルギー資源問題などの自動車の負の側面を大きく削減し，人間社会における多方面での利便性がより増すと期待される道路交通革命がCASE化である（C：Connected，A：Autonomous，S：Servicized，E：Electric）。現在は自動車の大衆化が始まった20世紀初頭から100年ぶりの変革期といわれている。

　　本シリーズは，四つの巻（第3，5，1，4巻）をCASEのそれぞれの解説にあて，さらにCASE化された車を使う人や社会の観点から社会科学的な切り口で解説した一つの巻（第2巻）を加えた全5巻で構成し，多角的な研究活動を通して生まれた「移動学」ともいうべき統合的な学理形成の成果を取りまとめたものである。この学理が，人類最大の発明の一つである自動車の変革期における知のマイルストーンになることを願っている。

シリーズ構成

配本順		著者	頁	本体
1.（1回）	モビリティサービス	森川高行・山本俊行 編著	176	2900円
2.（4回）	高齢社会における人と自動車	青木宏文・赤松幹之・上出寛子 編著	240	4100円
3.（2回）	つながるクルマ	河口信夫・高田広章・佐藤健哉 編著	206	3500円
4.（3回）	車両の電動化とスマートグリッド	鈴木達也・稲垣伸吉 編著	174	2900円
5.（5回）	自　動　運　転	二宮芳樹・武田一哉 編著	288	4800円

定価は本体価格+税です。
定価は変更されることがありますのでご了承下さい。

ロボティクスシリーズ

（各巻A5判，欠番は品切です）

- ■編集委員長　有本　卓
- ■幹　　　事　川村貞夫
- ■編集委員　石井　明・手嶋教之・渡部　透

定価は本体価格+税です。
定価は変更されることがありますのでご了承下さい。

||||||||||||||||||||||||||| 図書目録進呈◆